绿色蔬菜高效生产关键技术丛书

青花菜菠菜绿色高效生产关键技术

焦自高　王崇启　董玉梅　编著

山东科学技术出版社

绿色蔬菜高效生产关键技术丛书

主　编　　陈运起

编审专家　（以姓氏笔画为序）

王林武　王培伦　王淑芬　王　富

刘世琦　刘建萍　孙小镭　陈运起

徐　坤　高中强　焦自高　韩泰利

青花菜菠菜绿色高效生产关键技术

编　著　　焦自高　王崇启　董玉梅

前言

随着国民经济的迅速发展和人们生活水平的日益提高，人们对蔬菜产品的质量安全给予高度关注，蔬菜安全品质作为蔬菜品质的最基本要素和重要组成部分，已成为消费者对蔬菜产品的第一要求，发展蔬菜安全生产是大势所趋。

蔬菜产品质量安全在我国实行无公害、绿色、有机"三品"管理。无公害是对蔬菜产品质量安全的基本要求；有机对蔬菜的生产环境、生产资料的使用和产品要求非常严格，只能适度发展；绿色在注重蔬菜产品质量的同时，注重对生态环境条件的保护和农业可持续发展，是蔬菜安全生产的重点。

绿色蔬菜是按照绿色食品蔬菜标准生产的无污染、优质、营养类蔬菜的统称。绿色蔬菜生产，首先强调良好的生态环境，由绿色食品主管部门对生产基地进行评估，主要对生产基地的土壤、灌溉水和大气进行样品采集、测试和评价，由主管部门发给绿色食品蔬菜生产许可证；其次遵循可持续发展的原则，按照绿色食品蔬菜的操作规程生产，注重保护和改善蔬菜生产的生态条件。绿色蔬菜生产技术是一个完整的技术体系，加强绿色蔬菜基本知识的宣传，加大绿色蔬菜生产技术的推广，是广大菜农的普遍呼声。为顺应这一新形势的要求，我们组织编写了《绿色蔬菜高效生产关键技术丛书》，以满足广大菜农的迫切需求。

本丛书立足于蔬菜生产实际，针对绿色蔬菜生产中存在的关键问题，系统介绍了绿色食品的基本知识、绿色蔬菜生产的基本现状、绿色蔬菜生产的关键技术等。内容全面，重点突出，特色鲜明。本丛书以安全生产为主线，以提高绿色蔬菜的安全卫生质量为目标，重点介绍了主要绿色蔬菜栽培、加工技术。

本丛书的编写力求语言通俗易懂，内容系统全面，知识和技术先进、实用，可操作性强。

本丛书在编写过程中，得到了山东省农业科学院、山东农业大学、山东省农业厅等单位和部门有关领导的关心与支持，得到省内外专家、同行的鼎力相助，并查阅和借鉴了国内同行的相关资料和数据，谨此一并致谢。

因作者水平所限，加上编写时间仓促，书中疏漏和不当之处在所难免，敬请广大读者批评指正。

陈运起

目录

青花菜

菠　菜

青 花 菜

一、生产现状与发展前景

青花菜，又名绿菜花、西兰花、绿花椰菜、意大利芥蓝、木立花椰菜、茎椰菜等。属于十字花科芸薹属，一二年生草本植物，为甘蓝的一个变种。青花菜起源于意大利，演化中心为地中海东部沿岸地区，由野生甘蓝演化而来。在地中海沿岸和大西洋东岸野生甘蓝很普遍。青花菜以花蕾供食，营养丰富，随着青花菜营养价值和食用方法逐渐被认识和接受，尤其是从20世纪90年代以来，在引进日本和美国青花菜新品种的同时，开展了栽培、贮藏技术研究和育种工作，栽培面积逐渐扩大。现在，台湾、广东、福建、浙江、云南等南方省份已普遍种植，上海、江苏、山东等大中城市郊区种植也较普遍。

青花菜是重要的出口创汇蔬菜，山东省是重要的青花菜出口省份，在全省有一定规模的出口青花菜生产基地，青花菜主要以速冻产品出口。大力发展青花菜出口，不仅可增加出口创汇，而且带动青花菜种植，增加农民收入。

（一）青花菜的营养价值

青花菜的食用部分为带有花蕾群的肥嫩花茎,其颜色翠绿,风味好,营养价值很高。据中国医学科学院卫生研究所的分析,每100克鲜重含蛋白质3.6克、脂肪0.3克、维生素A 3 800个国际单位(IU)、维生素C 110毫克、维生素B_1 0.10毫克、维生素B_2 0.06毫克、钙78毫克、磷74毫克、铁1.0毫克。青花菜维生素C含量比花椰菜或结球甘蓝的维生素C含量高近1倍,是番茄果实(20～25克/100克)的4倍多。维生素A的含量是结球甘蓝的19倍,是花椰菜的95倍。青花菜钙、磷、铁、镁、钾含量都高于其他甘蓝类蔬菜(表1),其中青花菜的钙含量可与牛奶相媲美。

表1　甘蓝类蔬菜的主要营养成分(100克鲜重)

种类	蛋白质（克）	脂肪（克）	维生素（毫克）				矿物质（毫克）				
			A（国际单位）	B_1	B_2	C	钙	铁	镁	磷	钾
结球甘蓝	1.2	0.1	200	0.05	0.03	60	38	0.4	22	34	230
花椰菜	2.2	0.1	40	0.02	0.6	71	30	0.5	12	45	230
青花菜	3.6	0.3	3800	0.10	0.06	110	78	1.0	39	74	360

青花菜的抗癌作用是近年来西方及日本科学家研究的重要内容,日本国家癌症研究中心公布的抗癌蔬菜排行榜上,青花菜名列前茅。青花菜的抗癌作用归功于花球内含有的硫葡

萄糖苷,长期食用可以减少乳腺癌、胃癌等癌症的发病几率。日本最近一项研究表明,青花菜的平均营养价值及防病作用远远高于其他蔬菜,名列第一。因此,在人类经常食用的多种蔬菜中,青花菜被认为是养分全、养分含量高的高营养蔬菜。

(二)青花菜生产现状

青花菜的栽培历史比花椰菜短,约在2000多年前,青花菜在地中海沿岸地区栽培。约在1490年前后,意大利人从地中海东部引入意大利,在17世纪初传入德国、法国和英国。青花菜是西餐中的重要蔬菜之一,在意大利、法国、英国、荷兰等国广为种植和消费。19世纪初传入美国,后传到日本。美国在19世纪60年代以后普遍栽培,目前已经成为本国的主要蔬菜之一。日本在二次世界大战后栽培普遍,选育出了适合当地气候的品种,栽培规模正日益扩大。

我国青花菜栽培历史较短,过去由于消费习惯和食用方法等问题,青花菜消费量和市场销量较小,且因其产量低、不耐贮运等,种植面积一直较小。随着人们对青花菜营养价值认识的提高,特别是随着青花菜国际出口贸易量的增加,青花菜的栽培面积越来越大。目前在我国南方省市普遍栽培,全国常年种植面积2万~3万公顷。

浙江省临海市是全国最大的冬春青花菜生产和出口基地。该市利用独特的地理气候环境进行青花菜露地越冬栽培,在寒冬1～2月上市。2003年临海市被中国优质农产品开发服务协会授予"中国青花菜之乡"，2005年种植面积达到7 000公顷，占全国的20%以上。临海青花菜内外销并举，冬春青花菜市场覆盖率占全国的80%以上，有着举足轻重的地位。产品销往日本、韩国、东南亚国家和我国香港、台湾地区，出口创汇1 000万美元以上。

江苏省东台地区自20世纪90年代开始种植青花菜，到2005年全市种植面积近2 000公顷，年出口青花菜近万吨，当地通过合理安排栽培茬口，延长供应期，并配合应用工厂化穴盘育苗，适时灌水调肥，综合防治病虫害等技术措施，使当地的青花菜达到了高产高效。

山东省青花菜种植规模较大的地区主要分布在蔬菜出口企业较为集中的地区，烟台龙大集团有限公司、泰安亚细亚蔬菜加工出口公司等是以蔬菜为主的加工出口企业，这些加工企业每年都有大量的青花菜加工出口，在企业附近地区都建有出口青花菜生产基地，以保证加工用原料的供应。

山东省泰安市为配合出口，大力发展包括青花菜在内的有机蔬菜生产，到目前，有机蔬菜种植面积达到了13 000公顷以上，主要种植青花菜、青刀豆、菠菜、牛蒡、胡萝卜等20余种蔬菜，青花菜是种植面积最大、出口量最大的几种蔬菜作物之一，并获得国家有机蔬菜发展中心（OFDC）、国际有机作物促进协会（OCIA）、欧盟（BCS）及日本（ICS）等20余个国际、国内组织的认证。当地出口蔬菜的生产达到了区域化布局、规模化发展、一体化经营，还具有农户生产订单化、服务系列化、种植管理标准化、产业运作国际化的特征，对当地蔬菜产业起到引领和提升作用。

青花菜在出口贸易中遇到的问题，迫使加强青花菜生产基地建设和安全生产技术的提高。发达国家一直对其它国家有一种不信任态度，农产品农残问题一直是国际农产品贸易的焦点。日本是我国青花菜的主要出口市场，从2001年我国加入WTO以来，青花菜出口遇到的主要问题是农药残留超标。2002年1～4月，日本连续检测出我国输日蔬菜农残超标后，日本对中国进口蔬菜实施"批批检疫的临时农残加严检疫"，日方提出农残检测项目达24项，2004年日方农残检测项目达247项。2006年6月起，对我国农产品实施《食品中残留农药化学品肯定列表制度》，检测农药数达到298个。

为促进青花菜出口，各地正在实行以降低农药残留为中心的安全生产措施，严格选择生产基地；加强田间管理（选择优良品种、培育壮苗、进行科学肥水管理）；对病虫害的防治，优先采用农业防治、物理防治、生物防治，配合使用化学防治，严禁使用高毒、高残留农药；严格按出口标准采收和加工等。

（三）青花菜生产的国际市场分析

世界上青花菜栽培的比重逐年增加，面积大有超过花椰菜的趋势。我国种植青花菜的出口国主要有日本、新加坡、马来西亚、俄罗斯、欧盟等。

日本是世界上最大的青花菜进口国，也是我国青花菜的主要出口市场。日本每年从海外大量进口蔬菜，主要进口品种有洋葱、南瓜、芦笋、莴苣、花椰菜、青花菜等。根据有关资料，2003日本从中国进口的青花菜为6 354吨，进口量居进口新鲜蔬菜的第11位；2004年1～5月进口青花菜29 500吨，居进口新鲜蔬菜的第3位。

青花菜等蔬菜出口日本具有三大优势：一是品种优势。我国地域辽阔，各种蔬菜种类和品种齐全，并有许多名产、特产，尤其是在发展有机食品和绿色天然食品生产方面具有优势。二是质量优势。我国蔬菜相对质量较高，营养丰富。通过近几年日本官方对中国蔬菜的系列调查活动，尤其是对中国蔬菜出口基地——山东的调查发现，中国蔬菜在营养等方面好于日本的蔬菜。三是价格优势。中国蔬菜产品价格普遍较低，在市场竞争中占有明显优势。

新加坡也是我国青花菜的重要出口市场。新加坡农业产值在国内生产总值中的比重很小，所需蔬菜、水果等农产品大量靠从国外进口，主要进口来源为马来西亚、中国、泰国、印度、菲律宾、以色列等国家。中国蔬菜在新加坡市场的占有率不断提高，中国销往新加坡的蔬菜出口额在新加坡蔬菜进口市场占有率已经从2001年的24.48%提高到2004年的30.60%，新加坡每年从中国进口的蔬菜保持在5万吨左右。我国出口新加坡的蔬菜种类主要有大白菜、大蒜、青花菜、马铃薯等。近年来,青花菜对新加坡的出口量有逐年扩大的趋势。向新加坡出口蔬菜主要来源于广东、山东等省。

在马来西亚,粮食、蔬菜的种植不普遍。受热带气候条件的限制,国内无法生产或产量不足的园艺产品仍需大量进口,其中蔬菜进口量最大。2003年中国出口到马来西亚的各类蔬菜共35.95万吨,占中国总出口量的7.41%;出口额8 104.08万美元,占总出口额的3.72%。进口的主要品种有洋葱、大蒜、花椰菜、青花菜、豆类、马铃薯、白菜和甘蓝等。主要进口国依次为中国、澳大利亚、印度、泰国和荷兰。

我国蔬菜产品在马来西亚市场上已占有一定份额。据统计,从我国进口的蔬菜占其进口总量的20%左右,在各类产品的主要进口国中名列第一。青花菜等蔬菜出口马来西亚具有三大优势:一是我国是传统农业大国,地域辽阔,生产蔬菜产品品种丰富,尤其是温带及亚热带产品,与马来西亚园艺产品的消费市场有很强的互补性。二是价格优势。我国蔬菜产品生产成本相对较低,在价格上有明显优势。三是青花菜等货物,对运输贮存条件要求很高。我国距马来西亚较近,贮运时间短,降低了出口成本。

俄罗斯基本属于北温带及亚寒带的大陆性气候区,冬季漫长、寒冷,夏季短暂、温暖,蔬菜等园艺产品种类不多,产量不高,难以满足居民生活需要,每年需从国外进口蔬菜约160万吨,总额为3亿美元。主要进口品种为洋葱、青葱、番茄、青花菜、胡萝卜、各类冷冻蔬菜和干制蔬菜等。俄罗斯的主要进口国为波兰、荷兰、哈萨克斯坦、乌兹别克斯坦、比利时、美国、中国和法国等。

我国生产的青花菜等蔬菜出口俄罗斯的优势：一是我国地域辽阔，大部分地区处在温带和亚热带地区，蔬菜种类充足，品种齐全，受季节性因素的影响相对较小，在满足国内市场的前提下可以稳定出口；二是交通便利，中俄边境地区交往贸易频繁，经贸合作日趋活跃；三是我国的蔬菜、水果在价格上有竞争优势。

除以上国家外，我国青花菜还销往欧盟、菲律宾、韩国等。

青花菜不耐贮藏，采收后很快就萎缩，变黄，有时甚至开花。据报道，我国台湾已培育出具有抗黄化效果的青花菜，即使在常温下也能放置30天，这种转基因青花菜仍能像刚采摘下来一样鲜嫩，延缓黄化基因除了可以延缓蔬果变熟、变老时间，可能还有让蔬菜变嫩的效果。过去，青花菜种子全部依赖从国外进口，近年来，中国农业科学院、上海农业科学院、北京市蔬菜研究中心等单位先后开展选育工作，并育成了可以替代进口的优良品种，促进了青花菜生产和出口的发展。

种植青花菜，投资少，栽培管理方便，易获得较高的产量，无论出口和国内销售，价格都较高，所以发展青花菜生产及出口前景广阔。

（四）青花菜生产的发展前景

随着生活水平的提高，人们在蔬菜的选择上越来越多地追求色泽艳丽、品质优良、健身防病之类的蔬菜，而青花菜作为一种高档、营养、保健的蔬菜，受到了广大消费者的欢迎。目前，我国青花菜主要以鲜菜或速冻形式出口到日本、欧盟等国家。在国际市场上，尽管不同年份之间青花菜的价格有所变化，但一般加工品的价格在每千克1.5美元以上。出口创汇企业通过青花菜的速冻或脱水加工出口，增加创汇非常显著。

近年来，青花菜生产面积不断扩大，在全国各大中城市销售状况良好，市场零售价格一般在每千克3元以上，最高的可达10元。各处生产基地因气候等因素的差异，每年生产茬次不同。根据山东省的气候特点，青花菜露地一年可种植2～3茬，亩产量可达3 000千克以上，蔬菜加工企业的收购价格多为每千克2～3元，每亩收入在6 000元以上。随着设施栽培技术水平的提高，青花菜可以通过保护设施种植，并综合运用各种栽培新技术，提高了单位面积产量，且增加了年栽培茬次，菜农收入进一步提高。

二、青花菜品种

　　绿色食品青花菜对品种的基本要求是优质、抗病、高产、适合出口或国内销售。目前我国生产上应用的青花菜大多从国外引进,少数为国内科研单位选育的品种。

　　青花菜品种按成熟期长短可分为早熟、中熟、晚熟三大类。根据花蕾的紧密程度,可分为紧花球品种和疏花球品种。早熟品种一般可在较高温度下形成花芽,有的在平均温度25℃时,仍能正常形成花芽,因而可在春、秋两季种植。晚熟品种需要经过较长时间的低温才能形成花芽,所以适宜冬春种植。品种的熟性越晚,完成春化过程所需的温度越低,时间越长。所以,在品种选择时一定要充分了解品种类型和特性,以便于选择适宜的品种。

(一)早熟品种

　　一般生育期少于105天。生产上常用的品种如下:

　　(1)绿峰:由中泰合资江苏正大种子公司从泰国引入。植株生长势强,蜡粉较多。主花球生长期间侧枝少。采收后,侧枝花球发育快。花球直径16~22厘米，单球重400~600克。花球蓝绿色，圆球形，花蕾粒细密，商品性好。定植后55~60天收获。耐热、抗病、早熟。

（2）里绿：从日本引进的一代杂交种。植株生长势中等，生长速度快。株高43~68厘米，开展度62~75厘米。13~17片叶现花球，叶色灰绿。主花球较小，侧枝生长较弱。花球深绿色，花蕾较细。春季种植主花球重200~250克，秋季种植主花球重300~350克。春季表现早熟，定植后50天左右收获。秋季表现中早熟，定植后约70天收获。适合春秋露地栽培及晚春、早夏栽培，亦适于夏季冷凉地区栽培，具有较强的抗病性和抗热性。

（3）东京绿：从日本引进的一代杂交种。生育期90天左右，从定植到初收约65天。植株中等大小，株型紧凑，分枝力极强。株高57厘米左右，开展度83厘米左右。22片叶现花球，主花球半圆形，花茎短，花球紧实，深绿色。主花球重400克左右。纤维较少，品质好。抗病性、耐热性、耐寒性均较强，适应性广。既可春秋季露地栽培，也适合保护设施栽培。

（4）中青1号：中国农业科学院蔬菜花卉研究所育成的一代杂交种。植株生长势偏弱。株高38~40厘米，开展度62~65厘米。15~17片叶现花球，叶色灰绿，叶面蜡粉较多。春季种植表现花球浓绿，较紧密，花蕾较细，主花球重300克左右。秋季种植，主花球重500克左右。春季栽培表现早熟，从定植到收获约45天。秋季栽培表现中早熟，从定植到收获

50～60天。田间表现抗病毒病和黑腐病。适于春秋露地栽培，也可作春大棚早熟栽培。

（5）上海1号：上海市农业科学院园艺研究所育成的一代杂交种。植株半开张型，紧凑，株高38厘米左右，开展度约80厘米。26片叶现花球，叶绿色。主花球重400克左右。早熟，从定植到初收60天左右。耐寒性较强，而耐热性和抗霜霉病、黑腐病能力稍弱，宜作秋季栽培。

（6）阿波罗：从美国引进的早熟品种，生育期95～100天，从定植到初收为65～70天，成熟期较一致。植株中等大小，株型紧凑，生长势旺盛。花球半圆形，整齐，花蕾细密紧实，深绿色，外形美观，品质优良，单花球重400～500克。

（7）宝石：由美国引进的一代杂交种。从播种到采收98天左右，从定植到初收约65天。植株中等大小，株型紧凑，生长势强。花球中等大小，平均单球重400克，花蕾较紧密，蓝绿色，花球外形整齐、美观。植株侧芽较多，主花球采收后可陆续采收侧花球，可延长收获期。

（8）天绿：由台湾省农友种苗公司引进的一代杂交种。一般株高36厘米，有侧芽。定植后55～60天可采收。单花球重600克以上，球径20厘米，蕾浓绿色，蕾粒整齐、紧密、细致。适应性强，可露地及保护地栽培。

（9）加斯达：从日本引进的极早熟品种。植株生长势旺盛，抗病性强，适应性广。从播种至采收80天，从定植至初收约50天。花球半圆形，直径15厘米左右，深绿色，单球重450克。耐热，抗病力强，适宜春秋季栽培。

（10）翠光：由台湾引进的一代杂交种。极早熟，播种至采收70～75天，定植至初收约50天。株型直立，侧枝少，蕾枝较长。花球浓绿，不易变黄，品质好，主花球重500克左右。耐热性强，适宜夏季栽培。

（11）绿慧星：由美国引进的一代杂交种，极早熟。植株生长势强，株型紧凑，主花球大，花蕾粒小，紧密，深蓝绿色，品质佳。花球能在植株上保持较长时间不开散，侧芽发生力强，主花球收获后能陆续萌发侧花球。定植到初收约需55天，单球重260～300克。栽培适应性广。

（12）巴克斯：从美国引进的优良一代杂交种。植株较矮，茎短，生长势中等。花球大，圆球形，花梗短肥，花蕾颗粒细小，绿色，单球重500克，耐贮藏。耐热性强，但在低温和潮湿条件下易感染霜霉病，不适合保护地栽培，适于在春夏季露地栽培和机械化采收。

（13）优秀：日本坂田种子公司育成的新品种。具有早熟、长势旺、抗性强、花球品质优、出口合格率高等特点。植株生长势强，直立、高大，高约60厘米，开展度50厘米，叶较挺直而大，生长势强，叶色深绿，20～21片叶现花球。早熟，从定植到花球采收65天左右。耐寒性较强，短时间－1～－3℃不会有冻害。抗病性好，较抗霜霉病和黑腐病。对温度、湿度巨变不敏感，叶片不失绿发白，花茎不易中空。花球圆头形，鲜绿，紧实，单球重约350克。蕾粒细小，色深绿。适于春秋种植。

（二）中熟品种

中熟品种的生育期一般为105～120天。生产上常用的品种如下：

（1）马拉松：从日本引进的一代杂交种。全生育期110～115天。植株高大，生长势强，叶片深绿色。花球高圆形，厚实，深蓝绿色，花蕾细小。单球重400～700克，侧枝发生多，侧花球容易形成。对霜霉病、黑腐病等抗病力强。适合出口加工及市场销售。

（2）绿雄90：由日本引进的中晚熟一代杂交种。定植至初收90～110天。生长势强，植株较直立，株高65～70厘米，开展度40～45厘米。21～22片叶现花球，花球横径11～14厘米，单球重400～450克。花球圆整，紧实，蕾粒中细、均匀，色绿。耐寒、耐阴雨性较强，低温条件下花蕾不易变紫，蜡粉较浓。抗霜霉病。注意黑腐病等病虫害综合防治。适宜在秋季栽培。

（3）中青2号：中国农业科学院蔬菜花卉研究所育成的一代杂交种。植株生长势偏弱。株高40～43厘米，开展度63～67厘米。15～17片叶现花球，叶色灰绿，叶面蜡粉较多。花球紧密，蕾细。春季栽培，定植后50天左右开始采收，主花球重350克左右，侧花球重170克左右。秋季种植，定植后60～70天采收，主花球重600克左右。田间表现抗病毒病、黑腐病。

（4）哈依姿：由日本引进的中早熟品种。生育期105天左右，定植到初收约65天。植株生长势强，侧枝发生多，花蕾粒小。主花球半圆球形，紧凑，鲜绿色，单球重250～450克。适应性广，耐热及耐寒性强，适宜春秋露地及保护地栽培。

（5）碧松：北京市蔬菜研究中心育成的一代杂交种。定植后约55天采收。植株生长势强，株高50厘米左右，株型较平展。花球紧密，花蕾颗粒小，深绿色，品质较好，露地栽培主花球重360克，保护地栽培主花球重500克左右。抗逆性强，适宜春秋保护地和春季露地栽培。

（6）绿王：由台湾农友种苗公司引进的中早熟品种，生育期100～110天，定植至初收为55～60天。株型直立，茎干粗大，生长健壮、整齐，侧枝少，为顶花球专用种。花球大，直径18～25厘米，单球重500～600克，最大可达800克，外形美观，花枝较长，花蕾颗粒粗大，易松散，色浓绿，品质一般。丰产，耐热性强，适于夏季早熟栽培。

（7）绿岭：从日本引进的一代杂交种。生育期105～110天，从定植到初收，春秋露地栽培需60～80天，冬春保护地栽培为45～60天。植株生长势强，株高60～75厘米，开展度70～100厘米。16～20片叶现花球，叶深绿色。主花球较大，花蕾较细，花球较紧实，色深浓绿。侧枝生长中等。春季栽培，主花球重300～350克。秋季栽培，主花球重350～600克。较抗病毒病和黑腐病。适于春秋露地栽培及保护地栽培。

（三）晚熟品种

晚熟品种一般是指生育期在120天以上的品种。生产上常用的品种如下：

（1）圣绿：由日本引进的中晚熟耐寒品种。株高65～70厘米，开展度45～50厘米，生长势强。作保鲜用小花球单球重300～350克，作大花球单球重700～850克，直径15～18厘米。花球圆整，蕾粒粗细中等，色深绿。在长期低温条件下，不易变紫，宜作保鲜加工或鲜销，不宜作速冻加工。耐寒性强，耐阴雨一般，中抗霜霉病。

（2）绿皇：由日本引进的一代杂交种。植株较直立、粗壮，生长势强，侧芽发生少，花球大，一般花球直径达25厘米左右，主花球重500～600克，紧凑，蕾粒均匀，花枝较长。定植后70～80天采收，成熟期一致，产量高。耐热性强，适应性广，可春秋季露地栽培。

（3）夏丽都：由日本引进的一代杂交种。中晚熟，生育期120天以上，定植到初收85天左右。植株生长势旺盛，侧枝发生能力强。花枝粗壮，花球肥大，品质优良。耐寒性强，适宜秋季栽培。顶花球采收后可陆续采收侧花球。

三、青花菜生产的基本要求

（一）对产地环境的要求

1.对生态环境条件的要求

（1）对温度的要求：青花菜属半耐寒性蔬菜,喜冷凉,不耐高温炎热。但耐寒、耐热能力强于花椰菜,能够忍受一般的轻霜冻。生育适温15~20℃,5℃以下的低温使生长受到抑制,25℃以上的高温易徒长。

从不同生长时期来看,种子发芽最低温度为4℃,最高温度35℃,最适温度为20~25℃,在适宜温度下3天可出苗。幼苗、叶簇生长和花芽分化的适温为15~22℃,早熟品种花球形成的适温为15~18℃,中熟品种花球形成的适温在12~15℃,5℃以下花球生长缓慢,耐寒品种花球能短期忍耐-3℃左右的低温,花球在-5℃的低温下会受冻害。当气温高于25℃以上时,形成的花球小而松散,已形成的花球易开花变黄,失去商品价值。

青花菜的花球是生殖器官,花球的产生和形成必须完成春化阶段,即从营养生长转向生殖生长需经一段时间的低温处理。青花菜通过春化所需温度因品种而不同,从叶片生长转变为生殖生长需要有相当大小的植株、一定的低温和低温持续时间(表2)。

表2　　青花菜不同熟性的品种通过春化的条件

品种熟性	茎粗(毫米)	低温范围(℃)	持续时间(天)
早熟	3.5	10～17	20
中熟	10	5～10	20
晚熟	15	2～5	30

（2）对光照的要求:青花菜属长日照作物,14小时以上的长日照条件可使花球提早形成,有些品种只能在长日照下形成花球。但多数品种对日照长短要求不严格。青花菜是喜光的蔬菜,在适宜的温度条件下,光照充足,有利于植株光合作用和养分积累,可形成较大的营养体,花芽分化好,花球形成早,并能提高花球的产量和品质;光照不足时,植株容易徒长,茎伸长,叶片变薄,蜡粉少,花球小,颜色变淡发黄,品质降低。因此,栽培青花菜时,花球必须见光,不像花椰菜那样需用叶片遮盖花球。

（3）对水分的要求:青花菜在湿润的条件下生长良好,不耐干旱,适宜生长的相对空气湿度为80%～90%,土壤相对湿度为70%～80%。气候干燥,土壤水分不足,植株生长缓慢,长势弱,花球小而松散,品质差。如果土壤湿度过大,会造成植株发病和腐烂。青花菜在不同生育期对水分要求不同,苗期需要湿润的土壤；营养生长由于叶簇旺盛生长，叶面积迅速扩大，叶的蒸腾作用加强，需水量增大；花球形成期叶面积达到最大，花球生长需充足的养分和水分，需水最多，应保持土壤湿润。

（4）对土壤营养的要求：青花菜对土壤的适应性广，只要土壤肥力较强，施肥适当，在不同类型的土壤均能良好生长。对土壤酸碱度的适应范围为 pH 5.5～7.5，最适生长 pH 为6.0。

青花菜在生长发育过程中，需充足的氮、磷、钾营养，以促进叶簇的生长和花球的发育。据有关研究，每生产1 000千克青花菜需吸收纯氮（N）10.88千克、磷（P_2O_5）6.5千克、钾（K_2O）16.67千克，同时需较多的钙（Ca）和镁（Mg）。据关佩聪等的研究，氮、磷、钾肥配合施用，其植株的生长和花球产量最好，对氮、磷、钾的吸收量依次为氮＞钾＞磷，但对其吸收的比例因生育期不同而不同，幼苗期为氮∶磷∶钾=8.3∶1.0∶10.4，钾＞氮＞磷；花芽分化期为7.0∶1.0∶8.3，钾＞氮＞磷；花球形成期为7.3∶1.0∶5.4，氮＞钾＞磷。因此，在幼苗期、花芽分化期应多施钾肥，在花球形成期减少钾肥的施用量，增施氮肥。

在整个生育期内，青花菜除需要氮、磷、钾三要素外，对硼、镁、钙、钼等微量元素的需求量也较大，特别是硼与钼，与花球的生长关系密切，因此要注意补充施用微量元素肥料。

2.生产基地选择与规划

（1）青花菜生产基地的选择：基地的选择必须考虑到土壤条件、环境无污染、交通运输方便等，并有一定的经济基础。

① 土壤肥沃。虽然青花菜对土壤的适应性广,但肥沃、疏松的土壤更有利于青花菜的生长。土壤pH以5.5～7.5为好。肥力不足的土壤要注意增施有机肥。

② 地势较高。要求地势较高,便于排灌,空气流通,避风向阳。地势太低,地下水位高,易盐碱化,并易受霜冻危害。设施栽培青花菜时,设施不要建立在风口处,以免遭受风害。

③ 水、电、交通方便。青花菜生长期内需水量大,要经常灌溉,基地要选择浇灌方便的地块。如果水源不足,要考虑滴灌、渗灌、地膜覆盖等节水栽培方式。如果青花菜种植采用先进的灌溉、育苗设备,应具有电力供应条件。青花菜不耐贮藏,花球采摘后不及时处理容易散花,降低商品价值,因此青花菜生产田要交通便利,便于采后及时运输到集散地或加工厂。

④ 生产环境无污染。建立在城镇的中远郊区,远离工矿区和住宅区,避免工业和城镇"三废"的污染。产地不受高速公路、铁路、国道等交通污染源的影响。生产基地的农业生态环境必须经过环境检测部门检测,并在大气、水质和土壤环境质量上达到规定的指标。

（2）生产基地规划:

① 青花菜田要相对集中。发展青花菜生产,为了便于花球采收、运输、加工、出口以及技术指导,最好能做到集中成片,规模生产。

② 道路要合理规划。青花菜田内约每2公顷要建立一条2米宽的道路为运输线,道路要经过菜田中央,与交通要道相连,

便于车辆通行。

③ 建好排灌系统。灌水系统最好使主渠道对称地穿过菜田。如用滴灌、喷灌要安排好管道布局。采用沟灌要尽量节约用水。采用输水管道或地下管道送水，不仅可以节水，同时可少用耕地。在低洼地要注意建立排水沟。

（二）对栽培管理的要求

进行绿色食品青花菜生产，同其他绿色食品蔬菜生产一样，主要是从三个方面着手：一是通过科学合理的栽培技术措施，为青花菜创造适宜的生长发育环境，提高其自身抗逆、抗病虫草害的能力，达到高产优质的目的；二是要加强对病虫草害的综合防治，创造不利于病虫草发生和危害的环境条件，以控制病虫草害；三是在栽培过程中，严格控制农药、化肥的使用，避免农药、化肥对蔬菜的污染。因此，生产过程要体现绿色食品特色，要特别重视肥料施用和农药使用等影响质量安全的关键环节。

1.肥料施用

肥料施用必须符合中华人民共和国农业行业标准《绿色食品 肥料施用准则》（NY/T394-2000）。肥料施用必须满足作物对营养元素的需要，使足够数量的有机物质返回土壤，以保持或增加土壤肥力及土壤生物活性。所有有机或无机（矿质）肥料，尤其是富含氮的肥料应对环境和作物（营养、味道、品质和植物抗性）不产生不良后果方可施用。

生产AA级绿色食品的肥料施用要求：一是用"准则"中规定允许使用的肥料种类，禁止使用任何化学合成肥料。禁止使用城市垃圾和污泥、医院的粪便垃圾和含有害物质（如毒气、病原微生物、重金属等）的工业垃圾。二是利用覆盖、翻压、堆沤等方式合理利用绿肥。可因地制宜采用秸秆还田、过腹还田、直接翻压还田、覆盖还田等形式。三是可用腐熟的沼气液、残渣及人畜粪尿作追肥。严禁施用未腐熟的人粪尿和未腐熟的饼肥。四是叶面肥料要按使用说明稀释，在作物生长期内喷施2次或3次。五是微生物肥料可用于拌种，也可作基肥和追肥施用，使用时应严格按照使用说明书的要求操作。

生产A级绿色食品的肥料施用要求：一是选用"准则"中规定允许使用的肥料种类。如生产上实属必须，允许生产基地有限度地使用部分化学肥料（氮、磷、钾），但禁止使用硝态氮肥。二是化肥必须与有机肥配合使用，有机氮与无机氮之比以1∶1为宜，如厩肥大约1 000千克加尿素10千克（厩肥作基肥，尿素可作基肥和追肥用）。最后一次追肥必须在收获前30天进行；三是化肥也可和有机肥、微生物肥配合使用；四是秸秆还田及其他使用准则，同AA级绿色食品的肥料施用要求。

2. 农药使用

绿色食品生产应优先采用农业措施防治病虫草害，必须使用农药时，农药使用必须符合中华人民共和国农业行业标准《绿色食品 农药使用准则》（NY/T393-2000）。

生产 AA 级绿色食品的农药使用：一是允许使用 AA 级绿色食品生产资料农药类产品。二是在 AA 级绿色食品生产资料农药类产品不能满足植保工作需要的情况下，允许使用以下农药及方法：①中等毒性以下植物源杀虫剂、杀菌剂、拒避剂和增效剂，如除虫菊素、鱼藤根、烟草水、大蒜素、苦楝、川楝、印楝、芝麻素等。②释放寄生性、捕食性天敌动物，昆虫、捕食螨、蜘蛛及昆虫病原线虫。③在害虫捕捉器中使用昆虫信息素及植物源引诱剂。④使用矿物油和植物油制剂。⑤使用矿物源农药中的硫制剂、铜制剂。⑥经专门机构批准，允许有限度地使用活体微生物农药，如真菌制剂、细菌制剂、病毒制剂、放线菌、拮抗菌剂、昆虫病原线虫等。⑦经专门机构批准，允许有限度地使用农用抗生素，如春雷霉素、多抗霉素、井冈霉素、农抗120、中生菌素、浏阳霉素等。三是禁止使用有机合成的化学杀虫剂、杀螨剂、杀菌剂、杀线虫剂、除草剂和植物生长调节剂；四是禁止使用生物源、矿物源农药中混配有机合成农药的各种制剂；五是严禁使用基因工程品种（产品）及制剂。

生产 A 级绿色食品的农药使用：一是允许使用 A 级和 AA 级绿色食品生产资料农药类产品。二是在 AA 级和 A 级绿色食品生产资料农药类产品不能满足植保工作需要的情况下，允许使用以下农药及方法：①中等毒性以下植物源杀虫剂、动物源农药和微生物农药。②在矿物源农药中允许使用硫制剂、铜制剂。③有限度地使用部分有机合成农药，但要求按国家有关技术要求执行，并需严格执行以下规定：应选用国家有关标准中列出的低毒农药和中等毒性农药；严禁使用剧毒、高毒、高残留或具有三致毒性（致癌、致畸、致突变）的农药；每种有机合成农药在一种作物的生长期内只允许使用一次。④严格按照国家有关标准的要求控制施药量与安全间隔期。⑤有机合成农药在农产品中的最终残留应符合国家有关标准的最高残留限量要求。三是严禁使用高毒高残留农药防治贮藏期病虫害。四是严禁使用基因工程品种（产品）及制剂。

（三）对产品质量的要求

青花菜产品主要有三类：一是保鲜青花菜，将青花菜花球洗净、整理，直接上市或包装出口；二是速冻青花菜，经过一定的速冻工艺程序后制成，多用于出口；三是冻干青花菜，将新鲜青花菜快速冷冻后，再送入真空容器中升华脱水而成，几乎全部用于出口。山东省出口青花菜主要产品为速冻青花菜。

1.国内对青花菜产品质量的要求

（1）青花菜的产品质量：在中华人民共和国农业行业标准《绿色食品 甘蓝类蔬菜》（NY/T746-2003）中对绿色食品甘蓝类蔬菜产品的感官要求、营养指标、卫生指标做出了规定。

感官要求：一是同一品种或相似品种，成熟适度，紧实，色泽正，新鲜、清洁；二是无腐烂、散花、畸形、开裂、抽薹、异味、灼伤、冷害、冻害、病虫害及机械伤等。

营养指标：提出了对维生素C含量指标要求，为每百克鲜重≥50毫克。

卫生指标：提出了砷、汞、镉、氟、乙酰甲胺磷、乐果、毒死蜱、敌敌畏、氯氰菊酯、溴氰菊酯、氰戊菊酯、三唑酮、百菌清、多菌灵、亚硝酸盐等残留限量标准。

（2）青花菜等级规格：在中华人民共和国农业行业标准《青花菜等级规格》（NY/T 941-2006）中规定了青花菜的等级、规格等。

① 等级。对青花菜产品的基本要求是：花球充分发育，具有适于鲜销、正常运输和装卸要求的成熟度；新鲜，无萎蔫，有光泽；修整良好，允许保留3～4片嫩叶；主花茎切削平整，无变色，髓部组织致密，不空心；无虫及病虫导致的损伤；无裂球，无冷害、冻害，无严重机械损伤；清洁，无异味、无杂质、无不正常的外来水分；无腐烂、发霉。在此基础上分为特级、一级、二级。

特级：外观一致；花球圆整，完好；花球紧实，不松散；色泽浓绿，一致；花蕾细小、紧实，未开放；花茎鲜嫩，分支花茎短。无机械损伤。

一级：外观基本一致；花球较圆整，完好；花球尚紧实，四周略有松散；色泽浓绿，基本一致；花蕾较紧实，但尚未开放；花茎鲜嫩，分支花茎短。允许有机械损伤，但不明显。

二级：外观基本一致；花球完好；花球略松散；色泽略显黄绿或有少量异色花蕾；花蕾有少量开放；花茎较嫩，分支花茎较长。允许有机械损伤，但不严重。

② 规格。以青花菜花球直径划分规格指标,分为大(L)、中(M)、小(S)三个规格。

大(L):花球直径大于15厘米。

中(M):花球直径10~15厘米。

小(S):花球直径小于10厘米。

2.出口青花菜的规格质量标准

我国生产的青花菜的出口国主要是日本、新加坡、马来西亚、俄罗斯、欧盟等,进口国对于青花菜产品的要求因国家而异。日本是我国青花菜产品的主要市场,以下主要以出口日本为例介绍出口青花菜的规格质量标准。

(1)日本对青花菜质量要求的特点:日本从1970年开始,规定进入日本批发市场的蔬菜在质量、大小、包装等方面要严格执行统一的规格标准。列入日本国内通用标准的蔬菜包括圆葱、莴苣、青花菜、黄瓜、番茄、茄子、青椒、白菜、葱、芋头、菠菜等。从2006年5月29日起,日本一项针对进口农产品的《食品中残留化学品肯定列表制度》实施,该制度规定:食品中农业化学品含量不得超过最大残留限量标准;对于未制定最大残留限量标准的农业化学品,其在食品中的含量不得超过"一律标准",即0.01毫克/千克。肯定列表制度实施后,我国出口食品面临了更大的挑战,一是出口食品残留超标风险增大。由于日本残留限量新标准在指标数量和指标要求上比现行标准高出许多,因此我国食品出口残留超标的可能性明显增加。二是出口成本提高。主要源于残留控制费用的增加、产品检测费用的增加、通关时间的延长等。

青花菜出口日本遇到的主要问题是农药残留超标,主要检测超标农药有毒死蜱、氰戊菊酯、氯氰菊酯等。近年来,随着青花菜种植面积的扩大,病虫害发生呈上升趋势,滥用农药的情况时有发生,给青花菜质量安全带来隐患。日本"肯定列表制度"中青花菜的最大残留量值涉及324种农药,其中许多农药我国没有相应的国家标准,因此"肯定列表制度"中的最大残留量值可以作为出口日本青花菜的农药残留的参考指标。日本"肯定列表制度"对农药的限制较严格,如阿维菌素的限量标准为0.01毫克/千克,菌核净、宁南霉素、农用硫酸链霉素、乙草胺等农药采用"一律标准"。

(2)出口日本的青花菜标准:日本在青花菜原料收购、保鲜、冻干、速冻青花菜等有一系列标准。

① 原料收购标准。具有青花菜品种固有的形状,品质新鲜,色泽自然鲜绿色,无腐败变质;无病虫害,无机械伤或轻微,花形周正,有明显光泽,口感脆嫩,无粗纤维感;球体端正,结球紧实;无裂球,无冻伤,无伤残,无裂口及病虫害,无农药残留;外叶切除;单球重0.5千克以上;在菜田收购时,可先用包装纸包住球体再采摘。

② 保鲜青花菜出口标准。具有品种固有的形状,色泽鲜绿、脆嫩;花球紧实,握之有重量感;无茸毛,无腐败变质,无病虫害,无机械伤或轻微,花形周整,外叶适当切除。

③ 冻干青花菜的质量标准。自由水含量低于1%,基本

保持了新鲜青花菜的鲜美风味；冻干青花菜复水后的硬度为1.09～1.21兆帕，用冷水复水的时间与用热水复水的时间均在10分钟以内；解吸时间适当、温度不超过最高允许范围的冻干青花菜，其风味与新鲜的青花菜基本一致；冻干青花菜维生素C含量为556毫克/千克左右，保存率为鲜品含量的96.8%左右。

④ 速冻青花菜的出口标准。花球色泽鲜绿，无褐变，色泽一致；口感脆嫩，有青花菜特有的香味；无散球现象，无病虫害，无机械伤或轻微，块粒大小均匀，破碎粒不得超过3%。

（3）出口日本保鲜青花菜规格标准：出口日本保鲜青花菜的规格标准，是按照青花菜的大小、标准盛装容器中青花菜的个数以及基准标准来划分的。

S级：花球直径9～11厘米，3千克容器盛装15～16个，4千克容器盛装20个，5千克容器盛装24个；

M级：花球直径11～13厘米，3千克容器盛装12个，4千克容器盛装16个，5千克容器盛装20个；

L级：花球直径13～15厘米，3千克容器盛装9个，4千克容器盛装12个，5千克容器盛装16个；

2L级：花球直径15～17厘米，3千克容器盛装6个，4千克容器盛装9个，5千克容器盛装12个；

3L级：花球直径17～18厘米，5千克容器盛装8～12个；

3千克标准之纸箱：长（内径）310毫米，宽（内径）245毫米，高（内径）170毫米；

4千克标准之纸箱：长（内径）360毫米，宽（内径）315毫

米,高(内径)170毫米;

5千克标准之纸箱:长(内径)420毫米,宽(内径)340毫米,高(内径)220毫米;

也有的客商按如下标准分级:

S级:花球直径9.5~11.5厘米,3千克容器盛装15~16个,4千克容器盛装20个,5千克容器盛装24个;

M级:花球直径11.5~13.5厘米,3千克容器盛装12个,4千克容器盛装16个,5千克容器盛装20个;

L级:花球直径13.5~15.5厘米,3千克容器盛装9个,4千克容器盛装12个,5千克容器盛装16个;

2L级:花球直径15.5~17.5厘米,3千克容器盛装6个,4千克容器盛装9个,5千克容器盛装12个;

3L级:花球直径17.5~18.5厘米,5千克容器盛装8~12个。

(四)对包装、贮藏、运输的要求

绿色食品青花菜包装、贮存、运输的环境必须做到洁净卫生。

1. 包装

用于产品包装的容器如塑料箱、纸箱等应按产品的大小规格设计,同一规格应大小一致,整洁、干燥、牢固、透气、无污染、无异味,内壁无尖突物,无虫蛀、腐烂、霉变等,纸箱无受潮、离层现象。包装上应明确标明绿色食品标志。每一包装上应标明产品名称、产品的标准编号、商标、生产单位（或企业）名称、详细地址、产地、规格、净含量和包装日期等，标志上的字迹应清晰、完整、准确。

包装时，按产品的品种、规格分别包装。同一件包装内的产品应摆放整齐紧密。每批产品所用的包装、单位质量应一致。

2.运输

运输前应进行预冷。运输过程中注意防冻、防雨淋、防晒、通风散热。青花菜不应与农药、化肥及其他化学制品等一起运输。

3.贮藏

选用合适的贮存技术和方法。临时存放宜在通风、卫生的条件下贮存。贮存时应按品种、规格分别贮存。青花菜贮存的适宜温度为0～1℃，适宜相对湿度为90%～95%。库内堆码应保证气流均匀流通。贮存方法不能使青花菜发生变化或引起污染。

四、生产茬口安排与栽培技术

青花菜是半耐寒性的作物，不耐高温和严寒，在北方露地栽培主要是春、秋两季进行，夏季气候较凉爽的地区可进行越夏栽培。青花菜不能露地越冬，故不能在冬季露地栽培。随着保护设施的发展，为延长青花菜的收获与供应期，可进行保护设施生产，采用的保护设施主要有小拱棚、拱圆大棚、日光温室等。露地栽培方式和保护设施栽培方式相互配合，可以使青花菜周年生产和供应。

（一）生产季节与茬次

1.春季生产

北方春季生产，可分为露地栽培和保护设施春早熟栽培两种方式。

春季露地栽培，一般在1月中旬至2月中旬利用阳畦播种育苗，苗龄60天左右，3月中旬至4月中旬露地定植，5月中旬至6月收获。

春季早熟栽培，一般在12月中旬至1月上旬在日光温室或拱圆大棚内建温床播种育苗,苗龄45～50天,2月中下旬定植到小拱棚、拱圆大棚等保护设施内,4月上旬至5月上旬收获。

2. 夏季生产

山东省青花菜夏季生产的规模不大,一般在3月上旬至4月下旬播种育苗,苗龄40～45天,4月中旬到6月上旬定植于露地,7月上旬至8月下旬收获。因夏季高温多雨,青花菜往往生长不良。为克服不利气候的影响,可使用遮阳网覆盖栽培,或选择海拔较高的山区或沿海地区栽培,以获得商品性较好的花球。

3. 秋季生产

秋季生产的花球收获期在9～11月,主要有露地栽培和保护设施秋延迟栽培两种方式。

秋季露地栽培,一般于7月在遮阴降温的设施内育苗,苗龄30天左右,8月定植到露地,9月下旬至11月上旬收获。

秋季延迟栽培,一般于8月份在遮阴降温的设施内育苗,苗龄30天左右,9月定植到拱圆大棚等保护设施内,10月下旬至11月下旬收获。该栽培茬次因气候凉爽很适合青花菜的生长,花球大,产量高,质量优于其他季节。

4. 冬季生产

青花菜不耐寒冷,山东各地青花菜不能露地越冬,所以冬季生产必须在保温和采光性能好的日光温室内进行。一般于9月下旬至11月下旬保护设施育苗,苗龄30天左右,10月下旬至翌年1月中旬定植到日光温室内,12月下旬至翌年3月下旬收获。

（二）春季露地栽培

春季露地栽培是出口青花菜栽培的一个重要茬次，山东各地一般在1月中旬至2月中旬利用阳畦播种育苗，3月中旬至4月中旬露地定植，5月中旬至6月收获。该茬青花菜由于前期温度低，有时育苗困难，后期温度高，不利于花球形成，因此产量和品质往往不如秋季青花菜高。

1. 品种选择

种植出口青花菜，要根据出口的需要选择合适的品种。适合春季露地栽培的品种较多，常用的有里绿、中青1号、巴克斯、中青2号、绿彗星、碧松等。当前，许多出口代理商往往已明确指定栽培品种。

2. 播种育苗

主要包括配制营养土、播种和苗床管理等。

（1）配制营养土：为保证幼苗生长健壮，最好采用营养土育苗。营养土由肥沃的大田土与腐熟厩肥混合配制而成。由于各地肥源不同，营养土的配制上有较大差异。营养土的常用配方有两种：一种是肥沃大田土3份＋草炭4份＋腐熟马粪3份；另一种是肥沃大田土6份＋腐熟的厩肥4份。无论哪种配方，所用的有机肥，如马粪、牛粪、猪粪、鸡粪、大粪干等，要经充分腐熟后才能使用。上述配方任选一种，将各种配料拌匀，堆成堆，每立方米中再加入复合肥0.5千克或尿素0.5千克、硫酸钾1千克、过磷酸钙1千克。为防止苗床病虫害的发生，可在营养土中每立方米掺入50%多菌灵（或75%甲基硫菌灵）80克、敌百虫（或辛硫磷）60克。充分拌匀，盖上塑料薄膜堆闷7～10天。然后将营养土均匀地铺在苗床上，厚度为10～15厘米，床面整平。

播种前5～7天，白天覆盖塑料薄膜，夜间加盖草苫，以提高畦土的温度。

（2）播种量：青花菜的种子细小，播种前要确定合理的播种量，以确保大田用苗数量，同时可使幼苗在苗床上有充分的生长空间。播种量计算公式如下：

种子用量（克/亩）=［秧苗数/亩×（1+安全系数）］×种子千粒重÷1000÷发芽率。

例如，青花菜某品种，千粒重为3克，按每亩定植秧苗数为2 000，合格种子发芽率为85%，育成秧苗的安全系数为80%计算，则种子用量为［2000×（1+0.8）］×3÷1000÷0.85=12.7（克/亩）

（3）播种：青花菜种子价格高，应做到精细播种。常用的播种方法是撒播法，每栽植1亩青花菜，需播种床4～8平方米。选晴暖天气的上午播种。播种前将育苗畦内浇透水，待水渗下后，将种子均匀撒入育苗畦内，然后盖上1厘米厚的过筛细土或营养土。当种子紧缺时，也可采用点播法，在浇透水并等水渗下后，撒一层细土，在育苗畦内划出10平方厘米的方格,在方格的中央播种1~2粒种子,然后盖土1厘米厚。

(4)播种后苗床管理:播种后,阳畦要覆盖好塑料薄膜,夜间覆盖好草苫。幼苗出土前,一般不通风。出苗期温度要高,白天气温保持在20~25℃,夜间15~18℃为宜,地温不宜低于15℃。适宜温度下,2~3天即可出苗。出苗后气温要适当降低2~3℃,以防止高温导致幼苗徒长,此时白天气温控制在20~22℃,夜间14~16℃。幼苗子叶展开后,应及时间苗,使苗距保持在1厘米左右。为防止地温降低,育苗畦内一般不浇水。

(5)分苗:当幼苗长至2~3片真叶时,应及时分苗,防止幼苗拥挤徒长。分苗前1天,先将育苗畦浇透水,以便在起苗时减少伤根。

采用阳畦、小拱棚等作分苗床,可不设立风障。分苗床同播种床一样,也要填充培养土。为促进缓苗,要选择晴天上午分苗。分苗采用贴苗法,即在分苗床内按10厘米的行距开浅沟,浇水,趁水未渗下即将秧苗按10厘米的株距贴于沟边,随即覆土。覆土不可过深过浅,以与在原苗床的入土深度相同为宜。分苗后阳畦上盖好薄膜,夜间盖上草苫。小拱棚分苗的分苗后,插好拱架,盖上薄膜,夜间可盖上草苫保温。

(6)分苗期管理:为提高苗床温度,促进缓苗,缓苗期间一般不通风,使白天苗床气温达到28℃左右。3~4天缓苗后加强通风,白天气温掌握在15~20℃,夜间10℃以上,不低于8℃。定植前7~10天,苗床浇水,切块,并加大通风量,白天温度控制在12~15℃,夜间8~10℃,进行秧苗锻炼。

苗期一般不追肥,可酌情叶面喷肥。整个育苗期间,白天应尽量将草苫揭起,使幼苗多见阳光,防止幼苗黄化和徒长。幼苗期遇到连阴天时,也要保证育苗畦每天有一定的见光时间。当幼苗长至5～7片真叶时即可定植。

壮苗标准:植株茎秆粗壮,节间短,有5～7片真叶,叶片绿色、肥厚、蜡质较多,根系发达,无病虫危害。

3.适期定植

(1)地块选择:为预防病害,最好选用前茬为非十字花科蔬菜的地块。青花菜不耐涝,应选择地势高燥,排灌方便的地块种植。

(2)整地、施基肥、作畦(垄):前茬作物收获后,及早翻耕,以充分晒垡,深翻30～35厘米。春季当土壤解冻后,及时整地。青花菜土壤肥力的要求不甚严格,但因青花菜生长势强,需肥量大,故整地前应重施有机肥作基肥,一般亩施腐熟的优质圈肥5 000千克,并掺施氮、磷、钾三元复合肥30千克。施肥后,深耕耙平、作畦。青花菜一般采用平畦栽培,畦宽1.4米左右。也可采取垄作方式,按60厘米垄距做垄,垄呈半圆形,垄底宽45～50厘米,垄高20厘米。

(3)定植期:根据青花菜生长特点,一般在外界日平均气温稳定在6℃以上、地表10厘米处温度稳定在5℃以上方可定植。定植过早,容易出现早期抽薹、现球现象。山东各地多在3月中旬至4月中旬露地定植。

定植日期应选在"冷尾暖头"晴暖天气,最好在定植后能有3～5天晴暖天气。预备移栽定植的幼苗，要在定植前7天进行秧苗锻炼，增加幼苗的耐寒力。起苗前苗床灌水，以保证营养钵中土壤有适当的水分。

（4）定植密度与方法：畦作的，一般每畦两行，株距30～35厘米，亩栽2 700～3 100株。垄作的，每垄1行，株距37厘米，亩栽3 000株左右。生产中要根据品种的株型来确定密度，如采取垄作时，植株较矮小的极早熟和早熟品种，因生长势中等，可适当密植，一般行距60厘米，株距37～32厘米，亩定植3 000～3 500株。植株较宽大的中熟品种，生长势强，要适当稀植，一般行距60厘米，株距44～40厘米，每亩定植2 500～2 800株。定植时应多带土坨，大小苗分开，挖穴，放苗坨，浇水，埋穴。栽植深度以苗坨上面与畦面或垄顶面齐平为宜。也可先栽好苗再浇水。

（5）覆盖地膜：采用地膜覆盖，既可有效增加地温，减少水分蒸发，防止土壤板结，提高肥料利用率，改善近地面光照条件和抑制杂草生长，又可达到提早收获，增加产量，提高经济效益的效果。

地膜的种类较多，现多应用无色透明地膜。盖膜的时期主要分两类，一类是先定植后盖膜，另一类是先盖膜后定植。

先定植后盖膜的，边铺膜边掏苗，掏苗时注意勿使幼苗受伤。该方法掏苗、铺膜较费工，同时不能发挥先期增温作用。

先盖膜后定植的，盖膜是在定植前7～10天进行。铺膜时，一般三人一组，一人铺膜，两人在畦沟中压膜，膜要铺平，与土表密接,两边用土压实。定植当日先将青花菜苗摆放在划定的定植穴位置一侧,然后用移植铲在定植穴上将地膜切开一个"十"形口,将切口处被切分开的地膜向四面掀开,再用移植铲向下挖定植穴。在定植面积较大时,最好用钻孔器在定植穴位置上钻定植孔,破膜挖孔工作一次完成,这样工作效率高,而且定植孔规格一致,地膜也不易破损。定植孔的地膜切口和定植孔的大小、深浅应和营养土坨大小相适应。从定植孔内挖出的土应放在畦面的一侧。挖孔后即可向孔内灌底水,待水渗下后栽苗。该方法有利于提前烤地增温,但定植操作较费工。

4.田间管理

(1)蹲苗:青花菜花球生长的大小,即产量的高低,与植株的生长和叶面积的大小有密切关系,在现蕾时营养生长旺盛,叶面积大,花球的产量就高。因此,定植缓苗后不宜长时间蹲苗,早熟品种轻蹲苗或不蹲苗,中晚熟品种蹲苗7~10天。

(2)追肥:青花菜对肥水的需求量大,需要供给充足的肥水,肥水对促进植株生长非常重要。在重施基肥的基础上,要分期追肥,重点追施发棵肥和膨球肥,特别注意磷、钾肥的施用。青花菜所采收的花球为生殖器官,氮肥有利于营养器官的生长,同时磷、钾肥对于生殖生长也非常重要。生产中发现,田间仅使用尿素等氮肥而未施用有机肥和磷、钾肥的青花菜,极易徒长,收获的花球小且少。

在植株缓苗后,开始进入旺盛生长时,结合浇水每亩可追施尿素15~20千克,促进叶丛生长。在叶丛生长变慢,田间已基本封垄时,每亩追施氮、磷、钾复合肥20~25千克,随即浇水,以促进花球生长和膨大。青花菜缺硼常引起花球表面黄化和基部洞裂;缺钼则使叶片失去光泽,并易于老化。在花球形成期,可叶面喷施0.2%磷酸二氢钾、0.2%硼砂水溶液和0.2%的钼酸铵溶液,对增加花球产量,改善花球品质具有重要作用。叶面喷施的时间以无风的傍晚为好,每7~10天喷一次,连喷2~3次。

在采收主花球后,结合浇水,每亩追施氮、磷、钾复合肥10~15千克,可以促进侧花球的生长。一般早熟品种以提早供应为目标,以采收主花球为主,侧花球也可采收1~2次。晚熟品种以提高总产量为主,可采收侧花球3~4次。

（3）浇水:青花菜定植后,由于前期气温较低,水分蒸发慢,又加上覆盖地膜可起到保墒作用,所以需水量较少,一般在缓苗后浇水一次,促进缓苗,然后蹲苗生根。新叶展开后,进入旺盛生长期,需水量增加,一般7~10天浇一次水。花球开始膨大后,加大灌水量。

青花菜的侧花球一般较主花球小,每次采摘主、侧花球后,应立即浇水追肥,促进其余侧花球生长。

（4）地膜管理及除草:田间要防止地膜破裂,遇有裂口和压膜不严之处应及时用土压实。覆盖地膜后,不需中耕,但要经常检查,注意拔出根际杂草,还可当杂草滋生时,用土压草,以防草荒。

（5）病虫害防治:青花菜抗病能力较强,但不同品种抗病能力差异较大，同时随着栽培面积的扩大和栽培年限的增加，病虫害也会逐渐加重。春季栽培青花菜常受黑腐病和菜青虫、小菜蛾、蚜虫等虫害的危害，要及时防治。

（6）收获：春季栽培的青花菜，早熟品种从定植到收获约需45天，中熟品种需50～55天，晚熟品种则需60天左右。花球采收的标准是：花球充分膨大，表面圆整，边缘尚未散开，花球未转黄，较紧实，色泽浓绿。

青花菜与普通花椰菜相比，花球收获期要求严格，采收需适时。过早收获则蕾球尚未充分发育，花球小，产量低；收获过晚，蕾球已松散，球面高低不平，且蕾粒粗松，甚至显露出黄色的花瓣，新鲜度就会迅速下降，以致降低商品价值和食用品质。青花菜顶端和侧枝都能结球，在采收主花球后加强肥水管理，还可采收侧花球。采收花球时，需将花球下带10厘米花茎一起割下。青花菜在常温下不耐贮存，花蕾易转黄或花球易散花，故应随采收随包装或运往加工厂，运输过程中注意防压防震。当主花球采收后，经30天左右，又可形成花球（侧花球），晚熟品种一般采收3～4次。青花菜春季栽培产量较低，一般亩产1 000～1 500千克。

（三）拱圆大棚春季早熟栽培

拱圆大棚春季早熟栽培，一般在日光温室或大棚内建育苗床育苗，然后定植于拱圆大棚中，这样易于创造良好的温度条件,从而使青花菜获得早熟和丰产。山东各地一般在12月中旬至1月上旬在日光温室或拱圆大棚内建温床播种育苗,苗龄45～50天,2月中下旬定植,4月上旬至5月上旬采收。

1.品种选择

拱圆大棚春早熟栽培的育苗期,正值一年中最寒冷的月份,育苗期及定期后的一段时间,气温和地温均较低。大棚内湿度较大,温度的昼夜变化剧烈,季节变化也很明显,大棚内光照比露地明显变弱。因此,大棚中栽培的青花菜必须适应前期较低的温度环境,同时对大棚的高湿、温度变化大以及光线较弱的环境条件有较强的适应性。目前,生产上尚缺乏适合大棚栽培的专用青花菜品种,需要在大棚生产中逐步试验才能确定其适应性。经初步试验,适合在山东拱圆大棚春早熟栽培的品种主要有绿岭、哈依姿、中青2号、碧松等。

2.育苗及苗期管理

拱圆大棚春季早熟栽培的播种育苗期正值低温季节,为培育适龄壮苗,必须创造出适于青花菜育苗生长的苗床环境,为此建议采用温床(电热温床或酿热温床)育苗。营养土配制、播种技术以及苗期温度、水分、光照管理等可参照本书春季露地栽培部分。

3.定植

(1)整地施肥:青花菜喜肥耐肥,且其主要根系分布在耕作层中,不能利用深层土壤中的养分,以土壤肥沃且保水保肥力强的土壤种植为最好,大棚栽培中,植株生长量大,施肥量更要充足。种植地块要选择前茬为非十字花科蔬菜的地块。为提高大棚温度，促进青花菜定植后及时缓苗，定植前15天左右大棚要扣上塑料薄膜。大棚内浇水造墒，深翻、细耙、整平，然后作畦。

如果种植青花菜的大棚为新建大棚，最好于冬前进行深翻，这样经过冬季冻融交替可以风化土壤。大棚内有前茬作物时，腾茬后立即耕翻。前茬作物收获后，及时整地。结合整地，每亩撒施优质圈肥5 000千克、腐熟粪干500~1 000千克、过磷酸钙30~40千克、草木灰50千克。大棚栽培，可采用平畦栽培，畦宽1.5米，每畦栽植两行。

（2）确定定植期：适期定植是实现青花菜早熟高产优质的重要环节之一。定植过晚，失去了采用大棚保护的效果；定植过早，外界气温尚低，有时会遇到霜冻。一般应根据当地的气候条件和大棚的保温情况确定定植期，要求棚内表土温度稳定在5℃以上才能定植。定植时间应选择在寒流刚刚过后的晴暖天，这样可保证刚定植后有一段时间的晴暖天气。阴天、有寒流天气不能定植。

（3）覆盖地膜：定植前最好先在畦面覆盖地膜。由于大棚上塑料薄膜的密封性强，大棚内的湿度很高，白天棚内空气相对湿度可达80%~90%，夜间可达到100%。空气湿度过高不仅不利于青花菜正常的生长及结球，而且易造成植株徒长和感病。通过地膜覆盖，既降低了空气相对湿度，又可减少浇水次数和浇水量，避免地温下降以及多种病害的发生和蔓延。

（4）定植方法与定植密度：早春定植的方法有明水定植、暗水定植等。

明水定植方法是先栽苗后浇水的方法，即在栽培畦内的地膜上按要求的株距挖穴、放苗、埋土。苗栽好后，在畦内浇水。这种定植方法用水量大，导致较长时间地温较低，但操作方便，适于青花菜大面积栽植。

暗水定植方法是浇水后栽苗的方法，又称水稳苗定植。在栽培畦内的地膜上按要求的株距挖穴，先浇水，在水中放苗，待水基本渗下后埋土封穴。这种定植方法，有利于地温的提高，但常发生的问题是浇水量不足，要及时在栽苗后浇第一水。

无论采取哪种定植方法，幼苗都不宜栽植过深，应以露出子叶为度，否则会影响植株根部呼吸，造成生长不良，严重时死亡。

由于大棚内的光线较露地弱，因此定植密度不宜过大，总体上比露地栽培密度要小。一般1.5米宽的栽培畦可定植两行，早熟品种株距为34～37厘米，每亩定植2 400～2 600株；中熟品种株距为40～44厘米，每亩定植2 000～2 200株；晚熟品种株距为52～60厘米，每亩定植1 500～1 700株。

4. 定植后管理

（1）缓苗期管理：春季早熟栽培，青花菜定植后，外界气温较低，且经常有寒流出现。为使青花菜幼苗及时恢复生长，定植后应立即将大棚薄膜封严，这样闷棚7天左右。有条件的可以在大棚内再覆盖小拱棚，强寒流天气可在大棚周围围盖草苫等，以进一步增加保温效果，有利于缓苗。

（2）温度管理：幼苗缓苗后开始通风。放风口大小及通风时间的长短要根据青花菜对温度的要求来确定。大棚的温度以控制在青花菜的生长适宜温度范围内为好，幼苗期控制白天温度20～25℃，最高不超过25℃；夜间12～18℃，最低不低于10℃。莲座期控制15～22℃，夜间10～15℃。花球形成期，早熟类型品种应控制白天15～18℃，最高不高于22℃，夜间10～15℃；中熟品种，棚内温度应控制白天12～15℃，夜间8～10℃。

温度管理总体上讲，前期应以保温为主，后期加强通风。后期温度过高，影响花球生长是生产上常常遇到的问题，要十分重视通风管理，确保棚内温度不超过25℃。

（3）湿度管理：青花菜喜湿润，前期苗小，蒸发量小，不要使田间湿度过大。莲座期植株高大，叶面蒸发量大，要增加浇水。当植株封垄后，地面湿度不宜太大，否则易发生霜霉病、灰霉病、菌核病、褐腐病等病害。结球期湿度大，有时易烂球。为此，要利用大棚的通风口，灵活放风，调节湿度。特别是每次浇水后和阴天更要注意多放风、排湿。

（4）改善光照：大棚覆盖塑料薄膜后，由于大棚塑料薄膜的吸收、反射及大棚骨架材料的遮阴，使大棚内的光照条件不如露地好，通常只有露地的60%～70%。新薄膜的透光率一般在90%以上，最低的一般为70%～75%。但塑料薄膜的透光率随着覆盖时间的延长而下降很快，透光率达90%的薄膜在覆盖一年后往往只有70%左右，这主要是因为薄膜随着时间延长而老化,透光率下降。但不能忽视的是,在灰尘污染较严重的地段,灰尘可使透光率降低12%～20%,棚膜上的水滴可使棚膜的透光率降低20%～30%。

光照不足不仅影响青花菜的生长发育,还会直接或间接地影响温度、湿度等。改善光照条件是早春栽培管理的重点内容之一,要做到膜面经常擦洗,保持清洁;选用无滴膜,提高透光率;在建材和墙面上涂白,不仅可以增加反射光,减轻光照不足的危害,还能保护建材,延长建材使用寿命;在大棚后立柱或后墙面处张挂镀铝反光幕,可使棚内增加反射光10%左右。

(5)通风换气:大棚管理中要适当进行通风换气。定植前期,棚内气温、地温低,管理上要以保温为主,通风量要小,后期一定要加大通风量。通风的目的不仅是维持棚内适宜的温度,还可以降低棚内湿度,较低的空气相对湿度可以有效地抑制病害的发生和流行。同时,通风有利于棚内外气体交换。二氧化碳是光合作用的原料,植物地上部分的干重中,45%是碳素,这些碳素都是在光合作用的过程中从空气中取得的。因此,大棚的通风,有利于补充棚内二氧化碳,促进青花菜的生长发育。

(6)肥水管理:在浇足定植水的基础上,缓苗期不浇水,适当控制浇水,以提高地温,促进根系发育及幼苗生长。在植株旺盛生长时,管理以促为主,肥水齐供,以尽快扩大营养体,为下一步以丰富的营养供给大花球奠定物质基础。结合浇水,可追施第一次肥,每亩追施尿素15～20千克。此后,温度上升,放风口加大,应加大浇水量,一般10～15天浇一次水。在叶丛生长转缓，田间封垄时，结合浇水，每亩追施氮、磷、钾三元复合肥20~25千克。在花球形成期，加大肥水量，除追肥外，还可进行叶面喷肥。可用0.2%的磷酸二氢钾、0.2%硼砂水溶液以及0.2%钼酸铵溶液进行叶面喷施。

青花菜春季早熟栽培，主花球采收后，往往还可采收大量侧花球，一般每次采收后，结合浇水，每亩追施氮、磷、钾三元复合肥10~15千克。

（7）人工整枝：青花菜的中、晚熟品种容易发生侧枝，侧枝上又能形成侧花球。早期形成的侧枝，容易分散主花球的养分积累，影响产量，所以栽培上对早期出现的侧枝要人为地抹去。当主花球采收后，可以适当留下面的侧枝4~5个，加强管理，还能争取侧花球产量。

5. 采收

青花菜的采收标准和方法，可参照本书春季露地栽培技术部分。拱圆大棚春季早熟栽培，由于棚内温度分布不均匀，造成青花菜的生长发育不一致，通常靠近棚中部位置的青花菜的花球提前进入适采期。要根据其花球发育程度及时分批采收，由于青花菜生长势较强，加上成熟期比露地早，其侧花球的单球重及总重量比露地栽培的高。

（四）秋季露地栽培

秋季露地栽培，是出口青花菜栽培的一个重要茬次，一般于7月在遮阴降温的设施内育苗,8月定植到露地,9月下旬至11月上旬收获。秋季温度由高到低的变化与青花菜生育期对温度要求的变化趋势基本一致,尤其是9~10月的气候十分有利于花球的生长,因此该茬青花菜较春季栽培易管理,其产量高于春季露地栽培的青花菜,质量也较春季青花菜高。主要栽培技术如下:

1.品种选择

根据出口的需要选择合适的品种,许多出口代理商往往已明确指定栽培品种。秋季青花菜栽培选用品种的范围较宽,既可选用适于秋栽的早熟品种,也可选用优质、高产、耐贮藏的中、晚熟品种。但应当注意,品种的熟性不同,它们通过低温春化,即由营养生长转为生殖生长的条件不同。有些晚熟品种因春化要求的温度低、时间长,如果环境不能满足其要求,它们的营养生长就不能转为生殖生长,也不能正常结球。适合秋季露地栽培的品种较多,常用的品种有优秀、绿岭、里绿、东京绿、天绿、绿雄90、中青2号、上海1号、加斯达、绿彗星、巴克斯、翠光、哈依姿、中青1号等。

2.播种育苗

秋季青花菜育苗期正是高温多雨(或高温干旱)、强光和病虫危害较重的时期,因此秋季培育适龄壮苗是栽培技术中十分重要的环节。可分为普通(有土)育苗和无土育苗两种方式。

(1)普通(有土)育苗:

① 育苗场地与育苗设施。育苗场地应选择在地势高燥、

通风良好、浇水方便的地方。实践证明，拱圆大棚的通风条件比日光温室好，在只保留顶部塑料薄膜的条件下，拱圆大棚所育幼苗不易徒长。为了排水方便，苗床应做成高畦或半高畦。

夏季育苗设施必须具备"三防"条件，即防高温、防雨淋、防虫害。为达到"三防"的效果，一般要建造夏季育苗用的防雨遮阴棚。

防雨遮阴棚是具有防雨和遮阴双重效果的专用育苗设施，它由拱杆、遮阳网（或竹帘、草苫等）和塑料薄膜构成。拱杆起到支撑的作用。遮阳网、竹帘、草苫等主要在夏季晴天的中午前后遮阴，能阻止部分光线对幼苗的直射，使棚下温度较低，光线适中，从而适合青花菜幼苗的生长，防止光照过强对幼苗生长的不利影响。塑料薄膜主要用于遮雨，可以防止降雨造成的地面板结以及对幼苗叶片造成的损伤，保证青花菜及时出苗和正常生长。为防止幼苗徒长，防雨遮阴棚的高度应在1米以上，若能利用已有的拱圆大棚、中棚骨架则更好，播种前在拱架上覆盖塑料薄膜和遮阳网等。

②播种期。出口青花菜的播种期，要根据定植期及育苗的适宜苗龄推算出适宜的播种育苗期。如山东各地该茬青花菜，7月中旬至8月下旬定植，苗龄30天左右，则播种期为6月中旬至7月下旬。

③播种。播种前要进行营养土配制，营养土配制方法等可参照本书春季露地栽培技术部分。营养土放入育苗畦，厚度10厘米左右，整平。

播种时间宜选择晴天傍晚或阴天。为了给幼苗的出土创造适宜的水分和温度条件，播种水一定要浇足，以免在幼苗未出土前苗床土已经干燥。出苗前一般不浇水，因为浇水会使土壤板结，影响出苗率和幼苗质量。播种时的浇水量应达到10厘米深的床土饱和，水渗下后在床面均匀撒一层营养土，然后均匀撒播种子，再覆盖营养土1厘米厚。

近年来对价格昂贵的青花菜种子，有些菜农也采取营养钵育苗法，营养土装入营养钵后，浇足水，每钵播1～2粒种子，覆土1厘米。

④ 播种后管理。播种后，立即覆盖好拱棚，上覆盖塑料薄膜，但棚四周薄膜要卷起，既便于通风，又可防雨，在塑料薄膜上再盖遮阳网遮阴，并在育苗棚通风处围好防虫网。苗期要分阶段加强管理。

发芽出苗期管理：青花菜从播种至出苗需要2～3天，时间短，但管理要求高。整个发芽期必须做到上午、午后、傍晚一天3次进行田间观察，观察种子的萌动，畦面土壤的干湿和日照的强烈程度或雨天的田间排水情况。通过遮阴等措施，使土温保持在25～30℃的适宜温度下。

幼苗生长前期的管理：子叶转绿至2叶1心期为青花菜幼苗生长前期，青花菜秧苗子叶展开并转绿后进入独立的自养阶段，此期苗床温度过高，容易使幼苗生长发育不良。随着真叶的生长、展开及叶面积的扩大，至2叶1心期后子叶的作用逐渐失去。管理上主要抓好几个方面的工作，一是及时架好防雨遮阴棚。未利用已有的拱圆大棚或中棚棚架的,播种后立即搭好防雨遮阴棚。晴天上午8时至下午4时盖遮阳网降温,其余时间揭去遮阳网,阴天及小雨时不盖网,间歇盖网时间历时1周;二是加强水分管理。因夏季温度高,水分蒸发量大,一定要注意保持畦面湿润,一般4～5天浇一次小水,可在傍晚时用喷壶喷水,防止幼苗萎蔫。雨后要防止田间积水;三是加强病害的防治。此阶段苗床上发生立枯病和猝倒病时,可用75%百菌清1 000倍液防治。

幼苗生长后期管理:秧苗2叶1心期后进入迅速生长期,秧苗生长量的90%是在此期形成的。此时温度仍然较高,根系形成、生长很快,为了培育壮苗,此期的管理应以控为主。管理上的重点工作:一是继续做好水分管理工作,苗床湿度要做到见干、见湿,宁干勿湿;二是及时间苗。在植株有1～2片真叶时,间苗1～2次,除去过弱、过密的苗。最后一次间苗,使秧苗间距保持10厘米左右;三是适当补肥。一般情况下,采用营养土育苗的,整个秧苗生长期间不需再进行追肥。如果发现幼苗生长瘦弱并呈现缺肥症状时,可用0.2%的尿素加0.2%的磷酸二氢钾进行叶面追肥,叶面追肥选择无风天气的下午。但对弱小苗可以施少量尿素;四是及时揭盖遮阳网。当使用遮阳网进行遮阴时,一定要根据天气情况及时揭盖。出苗期可全天覆盖,出苗后晴天中午前后及时盖上,但在阴天、雨天以及晴天除中午的一段时间要及时揭开,定植前要撤网炼苗。否则,覆盖遮阳网有时反而光线不足而使幼苗生长瘦弱,难以达到应有的效果;五是注意除草。7月份是高温多雨季节,杂草滋生快,一定要及时拔除育苗床杂草,切不可引起草荒,一旦幼苗被草盖住,往往会使幼苗生长受影响;六是加强虫害的防治。育苗期易发生小菜蛾、菜青虫、菜螟、甜菜夜蛾、斜纹夜蛾、跳甲等虫害危害,要及时观察,发现后及时防治;七是栽前炼苗。定植前2~3天,选择傍晚天气较凉爽时,把拱棚上的塑料薄膜、遮阳网全部撤除,以锻炼幼苗。

(2)无土育苗:育苗场所、育苗设施、播种期等同普通育苗。

① 苗床准备。包括平整土地、消毒杀菌、基质准备等。

平整育苗地:选择能进行遮阴降温的塑料大棚,旋打泥土至细碎,整平,于下午喷水使泥土吸足水分,第2天下午用拍耙将整个棚内泥土拍平、拍紧实。

消毒杀菌:大棚密闭,用石硫合剂熏烟消毒杀菌一昼夜,于第2天早上9时打开大棚通风。

铺地膜、盖遮阳网:在棚内地面首先铺好地膜,在地膜上可平放2排128孔育苗穴盘,同时将塑料大棚的侧膜卷起,或将底部薄膜撤掉,并在棚上覆盖遮阳网。

② 基质与穴盘准备。青花菜无土育苗的基质可以采用草炭、珍珠岩、蛭石的混合基质,体积比为6:3:1。同时每立方米基质撒钙镁磷肥25千克,一边洒水一边拌基质,到基质用手抓起能捏成团、掉落地上能散开即可。基质要求混配均匀。基质混配好后,将128孔穴盘装满基质,紧挨并排两行于地膜上,

并将每个穴盘表面刮平。

播种前用细喷头将穴盘基质浇足、浇透底水,至穴盘底有水渗出即可,随后用事先做好的打穴板打穴,深0.2～0.3厘米。

③ 播种。用消毒好的干种子直播,每穴播1粒种子,再用较细的营养基质覆盖,遮住种子并刮平,不宜过厚。在穴盘上覆盖一层地膜,以利保湿保墒,并在地膜上覆盖一层稻草,同时在稻草上浇一次水,以利于遮阴降温。

④ 苗期管理。根据幼苗生长的不同阶段,结合环境条件,科学管理苗床湿度、温度、光照等。

出苗期阶段管理:秋季气温高,出苗前要用遮阳网遮阴降温,并打开通风口,促进空气对流,以降低棚内温度。每天上午9时、下午4时分别在稻草上淋水一次进行降温,使棚内温度控制在25～30℃,基质温度控制在20～25℃。

小苗期:当穴盘有60%的种子出苗时,要及时撤掉盖在穴盘上的稻草和地膜,同时将洒落在穴盘和走道上的稻草捡干净,并将露根的幼苗根部轻轻摁入基质内,以防幼根被晒干。为防幼苗徒长,此时要求棚内白天温度控制在23℃左右,夜间13℃左右。当2片叶子充分展开时,汰劣取优进行补苗,拔除生长势弱的幼苗,补栽健壮的幼苗,使穴盘内幼苗的生长势整齐一致。在晴天上午9时、下午5时分别用细喷头淋水一次,以确保营养基质湿润。以后随幼苗生长逐渐延长光照时间,以利壮苗。

小苗至成苗期:从第1片真叶露心开始为培育壮苗的重要阶段。此期的管理重点是控制温度,增强光照,调节湿度,适当追肥。白天温度控制在25℃，夜间15℃，并逐步延长光照时间，逐步增大通风量。由于秋季棚内温度高，孔穴体积小，蒸发量大，基质中的水分损失多，故必须有充足的水分供给，以免影响幼苗生长。晴天每天喷水2次，分别在上午9～10时和下午4～5时，每次都要喷透，以利根系在基质中生长。喷水要均匀，同时穴盘外侧因水分的蒸发量大应多喷一些。幼苗2～3片真叶时，为使幼苗生长均匀一致，将育苗盘适当调换位置。叶面追肥2～3次，用0.3%的磷酸二氢钾等喷雾。同时清除育苗场所内走道、空地及棚四周杂草，以防病虫害的滋生蔓延。

炼苗阶段：定植前4～5天，卷起大棚四周的遮阳网，以后逐渐揭去大棚顶部的遮阳网，同时将上午的喷水量减少至平时的一半，下午当幼苗因缺水稍有萎蔫时再喷水，下午的喷水量要充足。经过4～5天的炼苗，幼苗就可以适应外界高温、强光的环境。

另外，苗期要特别注意防治病虫害，及时诱杀地老虎及蝼蛄等地下害虫，可用Bt等生物农药防治菜青虫、小菜蛾等害虫。

3.定植

主要做好以下工作。

（1）整地、施肥：选择排灌方便、保水保肥性能好，且前茬为非十字花科蔬菜的地块。在春季作物收获后，将前茬作物残枝落叶清理干净，立即整地、施肥。施肥要将有机肥与无机肥相结合，在中等肥力条件下，结合整地每亩施用充分腐熟的优质有机肥3 000~4 000千克,同时施入氮、磷、钾三元复合肥30~40千克,施肥后深耕、耙细。

（2）做垄:秋季栽培,因定植后仍可遇到大雨或暴雨天气,为便于田间排水,最好采取垄作方式,按60厘米等行距作垄,垄呈半圆形,垄底宽45~50厘米,垄高20厘米。

（3）定植:秋季露地栽培青花菜,一般在8月定植,定植时秧苗具有4~5片展开叶为好。定植前应剔除病弱苗,并按秧苗大小分级,不同大小的秧苗分区定植,这样可使植株生长整齐,成熟期一致,有利于集中收获。

定植前1天,先将苗床浇透水,以使土坨在起苗时不易散开。在起苗、运苗时,要轻拿轻放,以免散坨伤根。另外,定植前苗床上要喷一遍防病药剂。

秋季露地栽培的青花菜,一般采取明水定植法。按株距要求挖穴后,将秧苗逐一栽入,栽苗的深度,一般比原苗床深度稍深,然后覆土轻压,再浇大水。定植水一定要浇足,以促进秧苗根系与土壤密接,易于产生新根,迅速缓苗。

（4）定植密度:因秋季的气候有利于青花菜叶丛的生长和花球的形成,故定植密度可较春季露地栽培小些。早熟品种株距为42~46厘米,每亩定植2 400~2 600株;中熟品种株距为50~56厘米,每亩定植2 000~2 200株;晚熟品种株距为65~74厘米,每亩定植1 500~1 700株。

4. 田间管理

（1）追肥:青花菜花球的大小与植株的营养体大小有密切

关系,因此在田间管理上,叶丛生长期间要充足供应水分和养分,促进叶丛适时、旺盛生长。因秋季气候比春季更适合青花菜叶丛生长和花球形成,所以需要肥水也较春季多。

青花菜定植后水肥管理的原则是前期促苗,促使植株早缓苗、早发棵;中期控制肥水,促进根系发育;后期促进花球膨大。

第1次追肥,宜在定植后7～10天,植株开始长出新根时进行,每亩追施尿素10～15千克、过磷酸钙5千克、氯化钾5千克,促进植株生长。第2次追肥,宜在定植后35～40天,植株有15片真叶时进行,每亩追施氮、磷、钾三元复合肥20～25千克。第3次追肥,一般在植株有20片真叶、开始出现小顶花球(即现蕾)时进行,每亩追施氮、磷、钾三元复合肥20～25千克。花球形成期,在追肥的同时可结合进行叶面追肥,可叶面喷施0.2%的硼砂溶液、0.3%的磷酸二氢钾溶液等。喷施时间以无风的傍晚为好,隔7～10天喷一次,连喷2～3次。当主花球采收后,每亩追施氮、磷、钾三元复合肥10～15千克,促进侧花球生长。追肥可随水冲施或在植株旁挖穴埋施,但埋施的施后要紧接着浇水。

(2)浇水:青花菜植株高大,生长旺盛,需水量大。定植后要根据降雨情况及时浇水。定植7～10天后,结合施肥及时浇水,促使叶片肥厚。以后经常保持田间土壤湿润,特别是花球膨大期不可缺水,否则花球小,质量差。同时,青花菜也怕涝,秋季露地栽培的前期要注意雨后排涝,防止田间积水。

（3）整枝：秋季随着气温的逐渐下降，进入青花菜的生长发育适温期，此时青花菜植株生长旺盛，侧枝发生快且多，应充分利用侧枝形成侧花球。该茬青花菜的侧花球产量可占到单株产量的25%～30%，所以利用好侧枝结球很重要。但如果任其生长，会导致主花球现蕾晚，发育慢，且花球小。因此要进行适当整枝。一般在主花球现蕾前，将基本发育好的侧枝保留3～4个，以上的侧枝全部去掉。在主花球采收后，追施肥料并浇水，摘除植株上的一部分老叶，松土，培土，以促进侧花球的尽快形成。采用这种整枝技术既可及早采收主花球，又可收获质量好的侧花球，既保证了产量又延长了收获期。

（4）中耕除草：当青花菜定植并浇过缓苗水并在土壤湿度适宜时中耕，蹲苗期间连续中耕2～3次，在进行第二、三次中耕时，结合中耕适当向植株培土，以防植株倒伏，植株封垄后停止中耕。

秋季气温高，杂草生长快，缓苗后结合中耕除草，防止出现草荒。

5.收获

花球形成后，应分批采收，及时送往加工厂进行速冻加工等。青花菜有一定的耐寒力，稍耐轻霜，但不耐 −2℃ 以下的严霜。所以，到10月底前后要注意收听天气预报，掌握天气变化，一定要在较强寒流到来之前收获，以免受冻害。关于收获的标准和方法，可参照本书春季露地栽培部分。

（五）拱圆大棚秋延迟栽培

拱圆大棚秋延迟栽培青花菜，在山东各地一般于8月育苗，9月定植，10月下旬至11月下旬收获。该茬青花菜，重点要抓好两个方面的工作：一是苗期要注意克服不利于青花菜幼苗生长的高温、多雨等条件；二是后期要防止温度过低造成青花菜花球受冻。

1.品种选择

品种选择是成功进行秋延迟栽培的重要环节之一。一方面要充分考虑到品种的熟性与青花菜花球形成的关系。不同品种，通过低温春化的条件不同。晚熟品种往往在较低温度下、较长的时间才能完成春化。品种选择不当，有时不能形成花球。另一方面，拱圆大棚内光线弱、空气湿度大，所选品种必须能适合这种环境条件。目前，适合秋延迟大棚栽培的品种主要有上海1号、哈依姿、绿岭、中青2号、碧松等。

2.育苗及苗期管理

该茬青花菜，苗期仍然是高温多雨（或高温干旱）、强光和病虫危害较重的时期，育苗时要采用防雨遮阴棚育苗。

播种时间要考虑品种的特性，根据从播种到采收所需的天数，安排在当地拱圆大棚内出现霜冻前采收完毕。山东各地一般8月份播种育苗，苗龄30天左右，9月定植。播种技术及苗期管理等可参照秋季露地栽培部分。

3.定植

（1）整地、施肥、做畦：应选择排灌方便、土质肥沃的地块种植，勿选择前茬为十字花科蔬菜的地块，否则病害往往发生较严重。前作收获后，首先清理干净残枝落叶。在中等肥力条件下，结合整地每亩施优质有机肥3 000～4 000千克，施用氮、磷、钾三元复合肥40～50千克。

（2）大棚准备：先将拱圆大棚架搭好，覆盖塑料薄膜。在通风口处，要用防虫网密封，门口要设置防虫网帘，可以阻止蚜虫、小菜蛾、菜青虫、夜蛾科害虫等迁入。为预防病害的发生，可每亩用45%的百菌清烟剂180克，密闭大棚，烟熏消毒一昼夜。

在棚内整地、做畦，一般畦宽1.5米左右，栽植两行青花菜。

（3）定植：定植密度、定植方法等可参照本书秋季露地栽培技术部分。定植后，立即覆盖地膜，以降低大棚内的空气湿度，减少病害的发生。

4.定植后的管理

（1）温度、湿度管理：定植前期，因拱圆大棚上未覆盖塑料薄膜，因此管理上与秋季露地栽培相似。但在生长后期，应以保温防寒为管理重点。山东各地种植青花菜，一般可于10月上中旬，当外界气温下降至15℃左右时，覆盖塑料薄膜（即扣棚），使白天温度达到18～20℃，夜间达15℃左右。如果扣棚过晚，因棚内温度低，会影响花球的正常生长。在扣棚后的初期，白天要大通风，夜间对塑料薄膜的下端不要放下，使青花菜逐渐适应大棚的环境，当外界气温下降到6℃以下时，大棚塑料薄膜的下端夜间要放下并压严，白天棚内温度超过25℃时，还要通风换气。以后，随着温度的下降，要逐渐缩小通风口，减少通风量。11月中旬，根据天气情况，可以只在中午前后短时通风，不宜通风量过大或通风时间过长。夜间温度低于0℃时，还要在拱圆大棚的四周围盖草苫等保温。

在湿度管理上，在扣棚后，利用每天的高温阶段，做好通风排湿，以减少棚膜上过多的水滴滴落到叶片和花球上，防止引发病害和造成花球腐烂。

（2）肥水管理：青花菜定植前期，由于气温较高，加上未覆盖塑料薄膜，需水量较大。定植后5～7天及时浇水，促进缓苗。之后要经常浇水，保持土壤湿润，同时，大雨后要注意排水防涝。覆盖棚膜后，气温较低，浇水量减少，一般10～15天浇水一次，追肥的数量与时间与秋季露地栽培技术基本相同。

（六）日光温室越冬栽培

青花菜越冬栽培，一般可在9月下旬至11月下旬育苗，10月下旬至翌年1月中旬定植，12月下旬至翌年3月下旬收获。该茬青花菜对栽培管理技术的要求较为严格。

1.品种选择

此茬青花菜的生育阶段跨越冬季的严寒季节，因此在品种选择上，首先要求耐低温，在低温环境下能正常生长和结球。同时适应日光温室的高湿和光线差的条件。目前，进行越冬栽培常用的品种有中青2号、绿岭、哈依姿、碧松、东京绿等。

2. 育苗及苗期管理

日光温室越冬栽培，育苗阶段外界温度低，一般在日光温室内育苗。营养土配制、播种技术以及幼苗期的温度、光照、水分管理，可参照春季露地栽培部分。

3. 定植

（1）定植期：利用日光温室进行越冬茬栽培青花菜，可在10月下旬至11月下旬定植。具体定植时间的确定，要根据幼苗的生长状况确定，如定植时幼苗具有4～5片真叶为最好。同时，为保证定植后能及时缓苗，必须选择冷空气过后且气温将回升的时期定植，定植宜在晴天温度高的上午进行。

（2）整地、施肥、做畦：在前作收获后，一般每亩施入有机肥5 000千克，深翻30厘米，并拌入氮、磷、钾三元复合肥30千克。新建大棚，土壤肥力往往较差，要增加施肥量，可每亩施入有机肥10 000千克，并拌入氮、磷、钾三元复合肥30千克，深翻。

可先扣塑料薄膜，然后整地、施肥，按1.5米宽做平畦。

（3）定植：定植前2天，先将育苗畦浇水，然后盖好地膜。从育苗畦取出幼苗，注意轻拿轻放，保持幼苗土坨完整，以减少伤根。根据定植株距的要求，在地膜上划"十"字，挖出定植穴，浇水，栽苗。定植密度因品种而定。早熟品种株距为34～37厘米，每亩定植2 400～2 600株；中熟品种株距为40～44厘米，每亩定植2 000～2 200株；晚熟品种株距为52～60厘米，每亩定植1 500～1 700株。

4.定植后的管理

（1）温度管理：幼苗定植后的管理，应以促进新根形成为主。适当缩小通风口，减少通风量，使白天棚内气温控制在23～28℃，夜间控制在20℃左右，经过3～4天，幼苗缓苗后，应逐渐加大通风量，增加通风时间。11月下旬以后，夜间要加盖草苫，白天勿利用日光温室底部通底风。莲座期控制白天温度15～20℃，夜间10～15℃，有利于茎叶的生长。花球形成期控制白天温度14～18℃，白天温度不要超过25℃，否则花球生长不良，会使一些花蕾失绿，变黄，提早散球；8℃以下花球生长缓慢，0℃以下花球易受冻害。因此，在1月至2月上旬，外界气温达到全年最低温度，应严格调控日光温室内的温度，尽最大努力使白天增温，而在夜晚要注意保温。与温度、湿度管理相结合，低温季节的通风一般在中午前后进行。

（2）光照管理：光照管理可结合草苫的管理进行。总的要求是，在保证青花菜生长要求的基本温度的前提下，要尽量使植株多见光。青花菜对光照强度要求中等，但在充足的光照条件下，植株健壮，花芽分化好，产量高，花球质量高。

（3）草苫的管理：草苫的管理既关系到日光温室内温度的高低，又关系到室内光照条件的好坏。因此，合理揭、盖草苫非常重要。

在正常天气下，草苫应该早揭晚盖。具体地说，以上午揭开草苫后,室内的温度无明显下降时,应及时揭开。日落前室内气温15℃左右时覆盖草苫,最早不早于下午3点。在光照较好、天气特别寒冷时,可早揭早盖。

在遇到灾害性天气时,如果是小雪、无风天气,只要室温保持在10℃以上,白天要揭开草苫,利用散射光即可维持室内的光照和温度。夜间下雪,在盖上草苫后,草苫上面再加盖塑料薄膜,薄膜既能保温,又能防止草苫在化雪后变湿,影响保温效果。大风雪天气,揭苫后室温明显下降,可以不揭开草苫,但中午要短时揭开或随揭随盖,让青花菜见散射光。连续阴天时,当气温达到要求时仍要揭开草苫让植株见散射光,温度过低时可在中午前后揭开草苫,并在此时短时间通小风,注意切不可因连阴天连续多日不揭苫或不通风。久阴乍晴的天气更要加强管理,这时决不能猛然全部揭开草苫,应当陆续间隔揭开草苫,中午阳光强时可将草苫盖上,等阳光弱时再揭开,这样可使植株对猛然的强光有适应的过程,防止发生萎蔫等现象。

(4)肥水管理:定植后5~7天浇一次缓苗水,之后进行蹲苗,以利于青花菜根系的发育。前期因温度较高,通风量大,仍需经常浇水。在植株开始旺盛生长时,结合浇水每亩追施尿素15~20千克。在叶丛生长转缓、基本封垄时,每亩可追施氮、磷、钾三元复合肥20~25千克,以促进花球的生长。在花球膨大期要保持土壤湿润,可结合浇水进行第3次追肥,每亩可追施氮、磷、钾三元复合肥20~25千克。同时还要进行叶面追肥,可以喷施0.2%磷酸二氢钾、0.2%硼砂水溶液、0.2%钼酸铵溶液，每隔7～10天一次，连续2～3次。

在青花菜越冬栽培中，当主花球采收后，要加大肥水管理，保护好植株基部叶片，争取多收侧花球，这是增加产量和效益的重要措施之一。一般在每次采收后结合浇水，每亩追施氮、磷、钾三元复合肥10～15千克，可以采收4～5次侧花球，产量可占总产量的30%～40%。

（5）张挂反光幕增光技术：冬季利用日光温室进行蔬菜生产，光照不足是重要的限制因素。利用反光原理，用镀铝膜作反光镜，把射入到日光温室后部的阳光反射到作物群体中，这不仅可增加日光温室的光照强度，还可提高气温和地温。

利用反光幕增温补光，是我国北方冬季日光温室蔬菜生产上投资少、见效快、方便实用的新技术。据试验，张挂镀铝反光幕，可使距幕2米以内的地面光照强度增加40%～50%，阴天时补光效果更明显。此法可使室内气温、地温提高1～2℃。改善了日光温室内的小气候条件，蔬菜生长健壮、抗病，减少了农药开支和对菜体的污染。

张挂反光幕的方法是：根据日光温室的长度和高度将反光幕裁好，用透明胶布将幅宽1米的反光幕2幅或3幅黏结在一起。然后在日光温室的后立柱上东西向拉铁丝固定好，再将反光幕上端折下包住铁丝，用曲别针、夹子或透明胶布等固定住，使反光幕自然下垂。也可将下端折回3～5厘米，用撕裂膜作衬绳，将绳的两端各绑一根竹竿，固定在地表，这样，可随太阳照射角度水平北移,使反光幕前倾75°～80°角。对于无后坡式大棚,可将反光幕挂在北墙上,注意镀铝膜的正面朝阳。反光幕使用完后,要经晾晒后再放在通风干燥处保存。

由于张挂反光幕后光照增强,温度提高,靠近反光幕的位置蒸发量大,所以此处要多浇水,保持水分充足,以免温度过高伤苗。在越冬青花菜栽培中,反光幕可在11月至翌年3月使用。

5.收获

青花菜越冬茬栽培,可于12月下旬至翌年3月下旬收获。其采收标准及采收方法可参照本书春季露地栽培技术部分。主花球采收后,一定要保护好茎叶,加强管理,及时追肥浇水。只要管理得当,可连续采收侧花球4～5次。

（七）病害防治

青花菜的病害有猝倒病、立枯病、黑腐病、菌核病、霜霉病、黑斑病、灰霉病、黑胫病、病毒病等。

1.猝倒病

（1）症状:猝倒病是青花菜苗期常见病害之一。幼苗出土后染病,表现茎基部出现水浸状黄褐色病斑,随后病斑缢缩变细呈线状。病害发展迅速,在子叶尚未凋萎之前幼苗即猝倒,拔出后接触病部的表面极易脱落。有时幼苗尚未出土,胚茎和子叶已经腐烂。有时幼苗外观与正常苗无异,但贴伏地面而不能挺立。检查这种病苗,可以看到其茎部已收缩似线条状。苗床开始时，只见个别幼苗发病，几天后即以此为中心向周围扩展蔓延，造成幼苗成片死亡。在高温高湿时，寄主上、病残体表面及其附近的苗床上，常常长出一层白色棉絮状的菌丝。

（2）发病规律：病原为鞭毛菌亚门腐霉属真菌，其中主要是瓜果腐霉菌。病菌以卵孢子的形式在病残体或土壤中越冬，孢子遇适宜条件而萌发，从幼苗茎部侵入。病菌具有较强的腐生性，可在土壤中长期存活，以含有机质多的土壤中存活较多。病菌也以菌丝体遗落在土中的病残组织或腐殖质上营腐生生活，并产生孢子囊，然后产生游动孢子侵染幼苗，引起猝倒。发病的适宜地温为15～16℃，10℃时对幼苗生长不利，但病菌仍能活动。病菌在土壤中随雨水或灌溉水，或带菌的肥料传播蔓延。幼苗期遇阴雨天，光照不足，温度低，特别是地温低时，发病加重。

（3）防治方法：

① 选好苗床。选择地势高燥，排水良好，土质疏松肥沃的无病地块育苗，防止苗床低洼积水。苗床加强通风，湿度大时可在苗床撒干土或草木灰降湿。

② 播种前种子处理。用50～55℃的温水浸种10～15分钟，或用50%多菌灵可湿性粉剂、50%福美双可湿性粉剂拌种，用量为种子量的0.3%。

③ 床土消毒处理。每平方米用40%五氯硝基苯粉剂9克与50%拌种双粉剂7克混匀，加过筛的细土4～5千克拌匀。还可用五氯硝基苯与代森锌等量混合，每平方米用8～10克，与

30～50千克细土混合配制药土。播种前先将苗床灌水,待水渗下后用药土的1/3撒在苗床上,随即播种,播种后再将剩余的2/3的药土均匀覆盖在种子上。

④ 药剂防治。发病初期,可选喷75%百菌清可湿性粉剂600倍液,或40%乙膦铝可湿性粉剂300～400倍液,或72%霜脲氰•锰锌可湿性粉剂400～500倍液,或58%甲霜•锰锌500倍液喷雾,隔7～10天喷一次。以上药剂交替使用。

2.立枯病

（1）症状:刚出土幼苗即可受害,多发生在幼苗的中、后期。发病初期受害幼苗在茎基部产生暗绿色病斑,幼苗白天萎蔫,早晚可恢复,严重时病斑围绕整个茎基部,致使幼苗茎基部收缩,地上部茎叶萎蔫枯死。它和猝倒病的区别是病苗直立不倒伏,如拔起病苗,有时病部可见到轮纹状或淡褐色蛛丝状霉。

（2）发病规律:病原为半知菌亚门真菌立枯丝核菌。该菌不产生孢子,主要以菌丝传播或繁殖。病菌以菌丝体或菌核在土中越冬,其腐生性很强,能存活2～3年,病菌由幼苗伤口或表皮侵入幼茎或根部而发病。通过雨水、农具、带菌的肥料传播。病菌喜好较高的温度,适宜温度为24℃。重茬地作苗床,苗床地势低洼,苗床湿度大,连阴雨天,通风不良,幼苗生长瘦弱时易发病。

（3）防治方法:

① 选好苗床。选择地势高燥,排水良好,土质疏松、肥沃的无病地块,防止苗床低洼积水。

② 床土消毒处理。方法同猝倒病苗床土消毒法。

③ 苗床管理。采用营养土育苗。播种前浇足底水,播种要均匀,密度不宜过大,防止床土过湿,尤其在连续阴天,光照不足时,要注意通风排湿。要及时分苗或间苗,使幼苗健壮,提高抗病力。

④ 药剂防治。苗床发现少数病苗时,应立即挖除,移出苗床处理,并在病苗及其周围或全苗床喷药。选喷75%百菌清可湿性粉剂1 000倍液,或50%烯酰吗啉•锰锌可湿性粉剂1 000倍液,或50%福美双可湿性粉剂500倍液,72%霜脲氰•锰锌可湿性粉剂400~500倍液,于移栽前喷一次。

3.黑腐病

(1)症状:黑腐病危害萝卜、白菜、甘蓝、花椰菜、青花菜等多种十字花科蔬菜。该病危害青花菜叶片及球茎,子叶染病呈水浸状枯死,或蔓延到真叶。真叶染病有两种类型,一种是病菌从叶片水孔入侵,引起叶缘发病,从叶缘开始形成向内扩展的"V"字形黄褐色枯斑,病菌沿叶脉向下扩展,形成较大坏死区或不规则黄色大斑,病斑边缘组织呈淡黄色。另一种是病菌从伤口入侵,可在叶片任何部位形成不定型的病斑,边缘常呈黄褐色晕圈,病斑向两侧或内部扩展,致使周围叶肉变黄或枯死。病菌进入维管束后,逐渐蔓延到球茎或叶脉及叶柄处,使植株萎蔫。剖开球茎可见维管束全部变黑或腐烂,但没有臭味。干燥时球茎黑心,严重时叶缘多处受侵,造成枯死或全叶腐烂。

（2）发生规律：病原为野油菜黄单胞菌野油菜黑腐病致病变种，属细菌。病菌在种子、田间病残体以及种株上越冬，在土壤病残体上可以存活1年以上，病残体腐烂分解后，病菌随之死亡。田间传播主要靠雨水、灌溉水、昆虫和肥料等，病、健株接触也能传染该病。高温高湿条件有利于发病，病菌生长温度5～39℃，适温25～30℃。带病种子是远距离传播的主要途径。与十字花科蔬菜连作、排水不良、氮肥过量、虫害伤口多、雨天多时，易发病。此病再侵染频繁，易成为流行性病害。

（3）防治方法：

① 无病株留种或进行种子处理。为确保种子不带菌，应在无病地块留种，选留无病株或在无病株上采种。种子处理采用温汤浸种法，用50～55℃的温水浸种20分钟，或用50%福美双可湿性粉剂拌种，用量为种子量的0.3%。也可用农用链霉素1 000倍液浸种2小时。

② 轮作。发病较重的地块，应与非十字花科蔬菜进行2～3年轮作。

③ 栽培管理。及时清理田间病残体并进行无害化处理，减少初侵染源。土壤深翻，可以加速病残体的分解和病菌的死亡。施用的有机肥要充分腐熟，保证肥料不带菌或防止肥料烧根。雨后及时排水，尽快降低田间湿度。合理密植，科学进行肥水管理，保持植株健壮。

④ 药剂防治。发病初期及时喷雾防治。可选用77%氢氧化铜可湿性粉剂500倍液，或72%农用链霉素4 000倍液，或

200毫克/千克新植霉素，或45%代森铵水剂800倍液，或50%春雷霉素·王铜可湿性粉剂800倍液，7~10天喷一次，连喷2~3次。以上药剂交替使用。

4.菌核病

（1）症状：该病可危害甘蓝、青花菜、大白菜、萝卜、莴苣、油菜、马铃薯等多种蔬菜作物。苗期和生长期均可发生。苗期受害，在叶片和茎基部产生水渍状病斑，病部组织崩溃，后腐烂或猝倒。成株期在茎基部、叶片或花枝上均可发病，一般从植株茎基部或老黄叶片开始发病，初呈水渍状淡褐色病斑，后湿腐，长出白色菌丝，最后形成黑色菌核。被害植株髓部常变成空腔，其中形成大量豆粒状的黑色菌核。

（2）发生规律：该病病原为核盘菌，属子囊菌亚门真菌。病菌主要以菌核在土壤或混杂在种子中越夏或越冬。菌核萌发后，产生的子囊盘上生子囊孢子，孢子可借气流、灌水等传播。保护地中可以通过病组织上的菌丝与健康植株接触传播。低温高湿有利于发病，病菌发育的温度范围为5~30℃，适温12~25℃，5℃以下或30℃以上不易侵染。菌丝不耐干燥，空气相对湿度超过80%时易发生，低于70%时受到抑制。菌核在干燥土壤中可存活3年以上，在湿润土壤中仅活1年左右，在水中仅存活1个月。排水不良、通风差、偏施氮肥等有利于该病的发生。

（3）防治方法：

①轮作。与十字花科蔬菜实现2~3年轮作，这是防治该

病害的有效方法之一。

② 栽培管理。及时清理田间病残体,并进行无害化处理,减少初侵染源。菜田深翻,可使菌核埋入表土10厘米以下。雨后及时排水,降低田间湿度。施肥上注意氮、磷、钾肥料配合,避免偏施氮肥。

③ 药剂防治。发病初期,每亩及时用5%氯硝铵粉2.0～2.5千克与细干土15千克混合后撒到行间。也可田间喷50%异菌脲可湿性粉剂1 200倍液,或70%甲基硫菌灵可湿性粉剂1 500～2 000倍液,或40%菌核净可湿性粉剂1 000～1 500倍液,隔7～10天喷一次,连喷2～3次。以上药剂交替使用。

5.霜霉病

(1)症状:该病在大白菜、萝卜、油菜、甘蓝、青花菜等蔬菜上普遍发生且危害严重,是十字花科蔬菜上的一类重要病害。叶片、花茎、花梗、花蕾和种荚均可受害。叶片以老叶最易受害,发病后先在叶面上形成边缘不明显的黄色小斑点,逐渐扩大,因受叶脉限制呈多角形或不规则黄褐色至黑褐色的病斑,高湿时叶背面产生散状白色霉层。之后,病斑转为暗褐色,叶片枯黄。花球上的花茎和大花梗发生在表皮内,前期表皮完好,表面可见隐藏的灰褐色斑点或斑块,分散状分布,发生较多时连接成片。天气潮湿时,花茎和花梗表面长出白色霜层。严重时花梗缩短,致使整个花球表面凹凸不平。

(2)发生规律:病原为鞭毛菌亚门霜霉属十字花科霜霉菌,属真菌性病害。在冬季寒冷的地区,病菌以卵孢子在病残体上或土壤中越冬,或以菌丝体在种株上越冬,成为次年春季的初侵染源。病菌还能以卵孢子附着在种子表面,第二年又随着种子播入田间,侵染幼苗。北方春、秋青花菜种植区,该病的初侵染源分别来自越冬、越夏的寄主上的菌丝体或卵孢子,南方种植区初侵染源来自田间越冬的十字花科蔬菜。

病菌以孢子囊在田间通过风、雨传播,从气孔或表皮直接侵入青花菜。不同发病部位和天气下潜伏期不同,条件合适时,极易在短时间内造成大流行。温度是发病的重要条件,发病时的平均气温为15～16℃,流行气温为20～24℃,高于30℃或低于15℃则发病受抑制。连作地、低洼地、气温忽高忽低、光照不足、空气湿度较大、植株表面结露、氮肥过多、追肥不及时等,常导致病害流行。花球发病的重要条件是雨水,连续5天以上阴雨天气,病菌极易侵染花球。

(3)防治方法:

① 选择抗(耐)病品种。选用抗病品种是防治该病的有效方法之一,目前可选用优秀、绿雄90等高抗品种,也可选用有一定耐病性的圣绿品种。

② 合理轮作。与非十字花科蔬菜进行隔年轮作,栽培田尽量避免与十字花科蔬菜邻近。

③ 栽培管理。及时清理田间病残体并进行无害化处理,减少初侵染源。菜田深翻,沟渠畅通,雨后及时排水,严防大水漫灌,尽量降低田间湿度。合理密植,做好肥水管理,增施优质有机肥,注意平衡施肥,在氮、磷、钾肥的基础上,适量施用镁、

钙、硼肥等。

④ 药剂防治。在发病初期或发现中心病株时，摘除病叶，立即喷药防治。可选用75%百菌清可湿性粉剂600倍液，或40%乙膦铝可湿性粉剂200～250倍液，或25%甲霜灵可湿性粉剂800倍液，或64%杀毒矾可湿性粉剂400～500倍液，每隔7～10天喷一次。以上药剂交替使用，连喷2～3次。

保护设施栽培时，为防止病害发生，特别在花球现蕾后遇连阴雨天气时，可用烟剂熏蒸，如可用15%杀毒矾烟剂或40%多·霉威烟剂点燃熏蒸，或每亩用30%百菌清烟剂250～300克暗火点燃后闭棚，熏蒸6～8小时。

6. 黑斑病

（1）症状：主要危害叶片、花球和种荚。幼苗和成株均可受害。叶片受害，初呈近圆形褪绿斑，扩大后中间暗褐色，边缘淡绿色，有或无明显的轮纹。叶上病斑多时，病斑融合成大斑，叶片变黄早枯；潮湿时表面密生黑色霉状物。茎、叶柄染病病斑呈纵条形，具黑霉。花梗、种荚染病生黑褐色长梭形条状斑。

（2）发生规律：病原为芸苔生链格孢，属半知菌亚门真菌。病菌以菌丝体及分生孢子在病残体上、采种株上、土壤里或以分生孢子黏附在种子表面越冬，成为发病的初侵染源。病部产生的分生孢子借风雨传播，萌发后从寄主的气孔或表皮直接侵入，条件合适时，在病斑上能产生大量分生孢子，进行再侵染，使病害扩大蔓延。一般雨后、气温25～31℃，潜育期短，易发病；肥料不足、生长衰弱、管理不善发病重。

（3）防治方法：

① 种子选用及消毒。无病区留种，或在无病种株上留种，防止种子带菌。播种前用温汤浸种消毒；或用种子重量的0.4%的50%异菌脲可湿性粉剂，或50%福美双可湿性粉剂，或50%代森锰锌可湿性粉剂拌种，以消灭种子携带的病菌。

② 轮作。与非十字花科作物实行两年以上轮作。

③ 田间管理。收获后及时清除病残体，及时深翻，采用配方施肥技术。如追施过磷酸钙、草木灰、骨灰等，可增强抗病性。采用垄作，雨后及时排水，严防田间湿度过大。

④ 药剂防治。以预防为主，及时用药。在发病前或发病初期，喷50%异菌脲可湿性粉剂1 000～1 500倍液，或58%甲霉灵·锰锌可湿性粉剂500倍液，或70%代森锰锌可湿性粉剂500倍液，或75%百菌清可湿性粉剂600倍液，或40%灭菌丹可湿性粉剂400倍液，或农抗120 100毫克/升，或多抗霉素50毫克/升等，每7天喷一次。以上药剂交替使用，连喷2～3次。

7.灰霉病

（1）症状：该病主要危害花序，也危害叶片、茎等，病部组织呈淡褐色水浸状，后软腐，遍生灰色霉状物，后期病部产生黑色小粒点。

（2）发生规律：病原为灰葡萄孢，属半知菌亚门真菌。病菌以菌丝、菌核或分生孢子越夏或越冬。越冬的病菌在病残体中营腐生活，产生分生孢子进行再侵染。条件不适宜时，病部产生菌核，在田间可存活较长时间。条件适宜时可长出菌丝直接侵入寄主组织,也可产生分生孢子并借雨水、灌溉水、通风以及田间操作等传播。病株的病荚、病叶以及开败的病花落到健部即可发病。菌丝生长的温度范围为4～32℃,最适温度为13～21℃,产生孢子的温度范围为1～28℃。病菌孢子在5～30℃均可萌发,最适温度为13～29℃,孢子发芽要求很高的湿度,尤其在水中萌发最好。空气相对湿度低于95%时,孢子不萌发。该病在越冬栽培、春早熟栽培、秋延迟栽培的青花菜上易发生。阴雨天,光照不足,气温低,棚内湿度大,有利于病害发生。

(3)防治方法:

① 清除病残体。发病初期经常检查,及时摘除病叶、病茎等病残体,带到田外深埋或烧毁,减少侵染源。

② 通风管理。在保证温度前提下增加放风时间,降低棚内湿度,发病初期控制浇水,严防浇水过量。

③ 药剂防治。露地及保护地栽培,发病初期可用50%腐霉利可湿性粉剂1 000倍液,或50%异菌脲可湿性粉剂1 000倍液,或65%乙霉威可湿性粉剂1 000倍液交替喷雾。保护地栽培时,如遇低温及连阴雨天气,避免药剂喷洒增加棚内湿度而加重病害发生,可烟剂熏蒸或粉尘施药。可用10%腐霉利烟剂,每亩用药200～250克于傍晚闭棚熏蒸。

8.黑胫病

(1)症状:又称根朽病、黑根病、干腐病等。该病可在青花菜、花椰菜、甘蓝、油菜、萝卜等十字花科蔬菜上发生。苗期、成株期均可受害。苗期染病，子叶、真叶或幼茎均可出现灰白色不规则形病斑。茎基部染病，向根部蔓延，形成黑紫色条状斑，茎基溃疡严重的，病株易折断而干枯。成株染病，叶片上产生不规则至多角形灰白色大病斑，上生许多黑色小粒点，即病菌的分生孢子器。花梗、种荚染病与茎上类似。种株贮藏期染病，花球干腐，剖开病茎，病部维管束变黑。

（2）发生规律：病原为黑胫茎点霉，属半知菌类真菌。主要靠存在于土壤和堆肥中病残组织、种株及十字花科杂草越冬，翌年产生大量分生孢子，经雨水、灌溉水传播，也可借昆虫如椿象、甘蓝蝇幼虫等以及农机具传播。病菌在土壤中可存活3年。高温多雨有利于该病的发生和流行。菌丝体在寄主体蔓延，一般25℃时生长旺盛，而形成分生孢子则以20℃最适宜，在24～25℃时潜育期为5～6天，在10℃左右则长达23天。

（3）防治方法：

① 种子选择及消毒。无病区留种，或在无病种株上留种，防止种子带菌。播种前用50℃的温水浸种20分钟，或用种子重量的0.4%的50%琥胶肥酸铜可湿性粉剂，或用0.1%的升汞溶液浸种15分钟，冲洗干净后播种。

② 轮作及土壤处理。与非十字花科蔬菜进行3年以上轮作。用甲基硫菌灵或敌克松处理土壤，有较好的效果。

③ 栽培管理。选用健壮秧苗，不用弱苗和病苗。定植密度不宜过大。雨后及时排水。

④ 药剂防治。在苗期或定植后发现少量病株时，可选用

代森锌、福美双、敌克松或多菌灵可湿性粉剂的500倍液,重点喷洒植株茎部和下部叶片。

9.病毒病

(1)症状:病毒病是青花菜的主要病害之一。此病主要在夏秋季发生,一般病株10%～30%,严重时病株可达60%～80%。此病还可侵染紫甘蓝、芥蓝、乌塌菜等多种十字花科蔬菜。该病在苗期发生较重,初期在叶片上产生近圆形的小型褪绿斑,以后整个叶片颜色变淡,或出现浓淡相间的绿色斑驳,随病情发展叶片皱缩、扭曲、畸形,最后全株坏死。成株期染病,除嫩叶出现浓淡不均匀斑驳外,老叶背面有时还产生黑褐色坏死斑,或伴有叶脉坏死,最后病株矮化、畸形,叶柄扭曲,内外叶比例严重失调,轻则花球变小,重则根本不结球。

(2)发生规律:病原主要为芜菁花叶病毒。此病毒分布广,危害大。该病毒不断从病株传到健株上并引起发病。可在留种株上越冬,成为次年的初侵染源。该病毒可由蚜虫和汁液传播,在田间传播病毒的媒介主要是蚜虫。苗期高温干旱适于病害的发生和流行,适宜温度为24～28℃,降雨少或干旱年份易发生和流行。

(3)防治方法:采取加强田间管理与灭蚜防病相结合的综合措施防治病毒病。

① 栽培管理。培育壮苗,苗床可覆盖银灰色遮阳网或防虫网以避蚜。种植区与其他十字花科蔬菜地块适当远离。

② 灭蚜防病。防治蚜虫可以减少传播源,从而减轻病毒

病危害。青花菜田周围的作物、杂草上也要喷药灭蚜，以达到彻底消灭蚜源的目的。

③ 药剂预防。为预防病毒病发生，苗期或生长前期可喷洒20%病毒A可湿性粉剂500倍液，或1.5%植病灵乳剂1 000倍液，或喷施复合叶面肥，抑制发病，增强寄主抗病力。

（八）虫害防治

危害青花菜的主要害虫有菜粉蝶、小菜蛾、菜螟、甘蓝夜蛾、甜菜夜蛾、黄曲条跳甲、蚜虫、蝼蛄、蛴螬等。

1.菜粉蝶

（1）危害特点：菜粉蝶是十字花科蔬菜上最常见的害虫，幼虫是菜青虫。寄主广，但主要危害十字花科蔬菜，如甘蓝、花椰菜、白菜、萝卜、芥菜、油菜等。

菜粉蝶幼虫食叶，初龄期在叶背啃食叶肉，残留表皮，呈小型凹斑。3龄以后吃叶成孔洞或缺刻。严重时，只残留叶脉和叶柄。同时排出大量粪便，污染菜叶和菜心，使蔬菜品质变劣。

该虫一年发生的世代数，在我国由北到南逐渐增加。华北地区一年发生4～5代。各地菜粉蝶多以蛹越冬，越冬场所多在秋季被害地附近的土缝、树干、残株落叶、杂草间，一般选在背阳的一面。翌年4月初开始陆续羽化，羽化后的成虫白天活动，晚上栖息在生长茂密的植物上。通常在早晨露水干后开始活动,尤其是晴天中午活动最盛,在花丛中吸食花汁并产卵。成虫产卵时,卵散产。夏季卵多产在叶片背面,冬季多产在叶片正面,少数产在叶柄上。每只雌虫平均产卵120粒左右。卵多在清晨孵化,初孵幼虫先吃卵壳,后取食叶片。1~2龄幼虫受惊时,有吐丝下坠的习性,大龄幼虫则卷缩虫体坠落地面。幼虫行动迟缓,但老熟幼虫能爬行较远去寻找化蛹场所。

菜青虫发育的适宜温度为20~25℃,相对湿度68%~80%。菜青虫一年有2个危害高峰,春季随气温升高,虫口迅速上升,在春夏之间达到高峰。盛夏或雨季虫口密度迅速下降,到秋季又回升。所以,一年当中春秋两季危害最重。

(2)防治方法:

① 农业防治。冬季及时捡拾菜地周围砖石及水泥立体建筑中的菜青虫蛹,春、夏、秋季节捡拾菜青虫蛹和捏死幼虫。收获后及时清除田间残株败叶,集中烧毁,以减少虫口密度。合理进行轮作倒茬,适时播种。

② 物理防治。用过磷酸钙和石灰水避卵。用1%~3%的石灰水或过磷酸钙浸出液喷雾,第5天效果可达80%以上。

③ 生物防治。一是保护蜘蛛、瓢虫等天敌,人工释放粉蝶金小蜂。在天敌发生期尽量少用或不用药,尤其是广谱性杀虫剂。此法既可防虫又保护环境,减少农药的污染;二是可用每克100亿活芽孢的苏云金杆菌(Bt)可湿性粉剂,每亩用100~300克兑水50~60千克喷雾;或用每克100亿活芽孢的青虫菌粉剂1 000倍液喷雾;或用每克100亿活芽孢杀螟杆菌

可湿性粉剂加水释成1 000～1 500倍液喷雾。以上药剂任用一种，于害虫初现期开始喷雾，7～10天喷一次。以上药剂交替使用，连续喷2～3次，可兼杀蔬菜上其他蝶蛾类害虫。

④ 生理防治。可采用昆虫生长调节剂，如国产灭幼脲1号或灭幼脲3号20%或25%悬浮剂500～1 000倍液。但此类药剂作用缓慢，通常在虫龄变更时才使害虫致死，故要提早喷药。

⑤ 化学防治。有选择地使用低毒化学杀虫剂，用5%啶虫隆乳油2 000倍液，或2.5%三氟氯氰菊酯乳油2 000倍液，或50%辛硫磷乳油1 000倍液，或5%的氟虫腈悬浮剂每亩用50～100毫升喷雾。以上药剂交替使用。

2.小菜蛾

（1）危害特点：小菜蛾属鳞翅目、菜蛾科昆虫，俗称小青虫、两头虫、吊死鬼等，在全国各地普遍发生，是危害青花菜的重要害虫，还危害甘蓝、花椰菜、白菜、油菜、萝卜等十字花科蔬菜。

小菜蛾初孵幼虫往往钻入叶片上、下表皮之间取食叶肉，形成小的隧道，但食量很小，不易被发现。虫龄稍大，幼虫则啃食叶肉，仅留下一层表皮，称之为"开天窗"。3～4龄幼虫可将叶片吃成孔洞或缺刻，严重时将叶片吃成网状或仅留叶脉。尤其是在苗期，常集中于菜心危害。

小菜蛾一年发生代数各地不一，华北地区一般5～6代，世代重叠严重。幼虫期12～27天。幼虫很活跃，遇惊扰即扭动、倒退、翻滚落下，或吐丝下垂。老熟幼虫一般在被害叶片背面或枯叶、叶柄、叶脉及杂草上吐丝做薄茧化蛹,蛹期5～15天。小菜蛾以蛹越冬。成虫白天隐藏在植株叶片背面,夜间开始活动、取食,夜间以午夜前后活动最旺盛。幼虫2龄前潜叶危害,其余各龄在菜叶表面危害。小菜蛾抗逆性强,适温范围广,10～40℃均可存活并繁殖,但发育适温为20～30℃。因此,5～6月及8月在北方地区正值十字花科蔬菜大面积栽培季节,是小菜蛾两个发生高峰期。

(2)防治方法:

① 农业防治:青花菜收后及时清除田间残株老叶或进行翻耕,消灭越冬虫源,可降低春季虫口密度。合理布局,尽量避免十字花科蔬菜的周年连作。

② 物理防治:小菜蛾有趋光性,在成虫发生期,每6 000平方米设置一盏黑光灯,可诱杀大量小菜蛾,减少虫源。

③ 生物防治:用苏云金杆菌(Bt)可湿性粉剂1 000倍液防治。

④ 化学防治:根据测报,在幼虫孵化盛期或2龄前进行化学防治。防治药剂可选用5%啶虫隆乳油1 200倍液,或5%氟虫脲乳油1 500倍液,或2.5%联苯菊酯乳油1 200～1 500倍液,或2.5%多杀霉素悬浮剂1 000～1 500倍液,喷雾防治。以上药剂交替使用。

3.菜螟

(1)危害特点:俗称钻心虫、剜心虫、桃心虫等,是青花菜的重要害虫。幼虫为钻蛀性害虫,主要危害幼苗的心叶和生长点。植株生长点被害后停止生长,造成缺苗断垄。除危害青花菜外,还危害萝卜、大白菜、花椰菜等多种十字花科蔬菜。

菜螟在山东每年发生3～4代,老熟的幼虫吐丝缀合泥土、枯叶等结丝囊越冬,翌年春暖后在6～10厘米深的土中结茧化蛹,或在越冬场所残株败叶间化蛹。成虫昼伏夜出,白天在叶背面,夜间活动,多将卵产在幼苗的心叶上。初孵幼虫蛀食叶肉,3龄后便开始钻入菜心叶中危害,并向心叶基部、茎和根部蛀食。一头幼虫一生可危害4～5棵菜苗。老熟后在心叶或菜根附近的土壤、土缝中吐丝结茧化蛹。高温低湿的环境条件,如温度30～31℃,相对湿度50%～60%有利于菜螟的发生。菜苗2～4叶期与幼虫发生期相遇则受害严重。前作是十字花科蔬菜时往往受害较重。

(2)防治方法:

① 农业防治:合理安排茬口,尽量避免与其他十字花科蔬菜连作。据幼虫发生期适当调整播种期,使幼苗2～4叶期与菜螟幼虫发生盛期错开。结合间苗、定苗、移栽等农事活动,拔除虫苗,杀死害虫。在干旱年份,早晚勤灌水,增加田间湿度,改变适宜菜螟发生的田间小气候。

② 化学防治:应掌握在幼虫孵化盛期或初见心叶被害和有丝网时即开始喷药防治。常用效果较好药剂有:90%晶体敌百虫600倍液、50%辛硫磷乳油1 000倍液、80%敌敌畏乳油1 200倍液、20%氰戊菊酯乳油3 000倍液、20%甲氰菊酯乳油2 000倍液、2.5%溴氰菊酯乳油3 000倍液、50%二嗪农

乳油1 000倍液等。喷药时间以晴天的傍晚或早晨，幼虫取食时效果最佳。如果虫口密度大，危害严重，可每隔5～7天用药一次，连续防治2次。以上药剂交替使用。

4.甘蓝夜蛾

（1）危害特点：甘蓝夜蛾属鳞翅目、夜蛾科。食性很杂，已知寄主达45科100余种，蔬菜主要有甘蓝、花椰菜、白菜、萝卜、油菜、茄果类、豆类、瓜类、马铃薯等。

甘蓝夜蛾在华北一年3～4代，均以蛹越冬，越冬蛹多在寄主植物病残体、田边杂草或田埂下。第二年春季3～6月，当气温上升达15～16℃时成虫羽化出土，多不整齐，羽化期较长。成虫昼伏夜出，以上半夜为活动高峰。成虫具趋化性，对糖蜜趋性强，趋光性不强。初孵幼虫群聚叶背，啃食叶肉，残留上表皮。3龄后分散危害，食叶片成孔洞。4龄后，白天藏于叶背、心叶或寄主根部附近表土中，夜间出来取食。5～6龄进入暴食期，食量增多，危害最重。大龄幼虫有钻蛀习性，常钻入菜心，排出粪便，并能诱发软腐病引起腐烂，使花球失去商品价值。

幼虫发育最适温度20～24.5℃，历期20～30天。幼虫老熟后潜入6～10厘米表土内作土茧化蛹。甘蓝夜蛾喜温暖和偏高湿的气候，日均温18～25℃、相对湿度70%～80%有利生长发育。如温度低于15℃或高于30℃，相对湿度低于68%或高于85%，生长发育均会受到抑制，所以甘蓝夜蛾在温湿度适宜的春秋季发生严重。

（2）防治方法：

① 农业防治。菜田收获后进行秋耕或冬耕深翻,铲除杂草可消灭部分越冬蛹。根据初孵幼虫具有集中取食的习性,结合田间管理,摘除有卵块及初孵幼虫食害的叶片,集中处理,可消灭大量的卵块及初孵虫,减少田间虫源基数。

② 诱杀成虫。利用成虫的趋光性和趋化性,在羽化期设置黑光灯或糖醋盆,诱液中糖、醋、酒、水比例为10：1：1：8或6：3：1：10。

③ 生物防治。一是在幼虫3龄前施用细菌杀虫剂苏云金杆菌：Bt悬浮剂、Bt可湿性粉剂,一般每克含100亿孢子,兑水500~1 000倍喷雾,选温度20℃以上晴天喷洒效果较好。二是卵期人工释放赤眼蜂,每亩设6~8个点,每次每点放2 000~3 000头,每隔5天一次,连续2~3次。

④ 药剂防治。抓住幼龄期虫体小、集中、抗药性差的有利时机施药防治,常用的药剂有：90%晶体敌百虫1 000倍液、20%速灭杀丁乳油3 000~4 000倍液、菊马乳油2 000倍液、5%啶虫隆乳油2 000倍液、2.5%三氟氯氰菊酯乳油2 000倍液、50%辛硫磷乳油1 000倍液、5%的氟虫腈悬浮剂每亩用50~100毫升,于3龄前喷洒。以上药剂交替使用。

5.甜菜夜蛾

（1）危害特点：甜菜夜蛾属鳞翅目夜蛾科,危害青花菜、甘蓝、花椰菜、白菜、莴苣、番茄、青椒、茄子等30余种蔬菜,是杂食性害虫。初孵幼虫群集叶背,吐丝结网,在其内取食叶肉,留下表皮，成透明的小孔或缺刻，严重时仅余叶脉和叶柄，致使菜田缺苗断垄。

甜菜夜蛾一年发生4～6代，以蛹在土室内越冬。成虫夜间活动，适宜温度20～23℃，相对湿度50%～75%。成虫有取食补充营养习性，对黑光灯和糖醋液趋性强。成虫昼伏夜出，白天潜伏于土缝、杂草丛及植物茎叶浓荫处，傍晚开始活动。幼虫共5～6龄，1～3龄食量较小，4龄后食量加大，4～5龄进入暴食期，3～4天内取食量占整个幼虫期的80%～90%。3龄前幼虫群集危害，4龄后幼虫昼伏夜出，有假死性，虫口过大时，幼虫会自相残杀。幼虫老熟后，在土表下5～10厘米处作椭圆形土室化蛹，也可在土表及杂草地化蛹。甜菜夜蛾在25～30℃条件下，完成一代需22～30天。

（2）防治方法：

① 农业防治：该虫落地或在枯叶杂草中化蛹，要及时做好菜田卫生，播前翻耕晒土灭茬，在耕翻前用灭生性除草剂杀死所有杂草，使甜菜夜蛾失去食物来源，可消灭绝大多数虫源。结合农事操作人工摘除卵块或捏杀群集危害的幼虫。

② 药剂防治：甜菜夜蛾在2龄以前抗药性最弱，是用药防治的最佳时期。可选用5%氟虫脲乳油4 000倍液，或20%灭幼脲1号悬浮剂500～1 000倍液，或40%菊马乳油2 000～3 000倍液，或20%氰戊菊酯2 000～4 000倍液，均匀喷雾。以上药剂交替使用，注意安全间隔期。同时喷药要均匀细致，叶片正反面均喷到。

6.斜纹夜蛾

（1）危害特点：斜纹夜蛾又名莲纹夜蛾、斜纹夜盗蛾，属鳞翅目害虫，食性杂，可危害甘蓝、花椰菜、青花菜等十字花科蔬菜以及茄科、葫芦科、豆科等蔬菜。多在7～8月大发生，成虫夜间活动，飞翔能力强，有趋光性，对糖醋液及发酵的胡萝卜、豆饼等有趋性。卵块多产于植株中部叶片叶脉分叉处。幼虫食叶、花蕾、花及果实。3龄前幼虫群集叶背取食，叶片呈白纱状，在田间危害点状分布。3龄幼虫开始分散取食，进入暴食期，可将叶片吃成孔洞或缺刻，严重时仅余叶脉和叶柄。老熟幼虫在1～3厘米表土内做土室化蛹，土壤板结时可在枯叶下化蛹。

（2）防治方法：

① 农业防治。该虫落地或在枯叶杂草中化蛹，所以及时做好田园清洁，播前翻耕晒土灭茬，在耕翻前用灭生性除草剂杀死所有杂草，可消灭绝大多数虫源。结合农事操作人工摘除卵块或捏杀群集危害的幼虫。

② 用性引诱剂诱杀雄成虫。连片种植的生产基地每2 000平方米设1个点，通过诱杀大量的雄成虫，减少雌成虫的生殖机会。

③ 药剂防治。斜纹夜蛾在2龄以前抗药性最弱，所以应及早进行防治。应选择上午8时以前，或下午6时以后害虫正在菜叶表面活动时用药效果最佳。掌握幼虫低龄时期，每亩用80%敌敌畏乳油40克，或50%马拉硫磷乳油 75克，或20%氰戊菊酯乳油15克，加水60千克喷雾。喷药时要交替使用，注意

安全间隔期。同时喷药要均匀细致,叶片正反面均喷到。

7. 黄曲条跳甲

（1）危害特点：黄曲条跳甲又叫黄条跳甲,俗称狗蚤虫、跳蚤虫、地蹦子等,属于鞘翅目叶甲科。

该虫主要在青花菜苗期危害,成虫和幼虫均能危害,成虫主要食叶,咬食叶肉,将叶片咬成许多小孔,幼苗被害后不能继续生长而死亡,造成缺苗毁种。幼虫生活在土中,蛀食根皮,咬断须根,致使地上部分的叶片变黄而萎蔫枯死,使田间出苗不齐。除此,成虫和幼虫还可造成伤口,传播软腐病。高温高湿有利于该害虫发生,田间表现世代重叠,气温达到10℃以上开始活动、取食。成虫善于跳跃,高温时还能飞翔,一般中午前后活动最盛。成虫有趋光性,对黑光灯敏感。成虫寿命长,产卵期长达30～45天。卵散产于植株周围湿润的土隙中或细根上。幼虫在土中孵化、取食、发育、化蛹,成虫出土危害叶片。每头雌虫平均产卵200粒左右。该虫发生的轻重与茬口连作有关,连作较重,轮作较轻。

（2）防治方法：

① 合理轮作。该虫主要危害十字花科蔬菜,要尽量与非十字花科蔬菜轮作,以减轻危害。

② 清园灭虫。清除菜园残株落叶,铲除杂草,消灭其越冬场所,以减少虫源。

③ 深耕灭虫。播种前深耕晒土,造成不利于幼虫生活的环境条件,还可消灭部分虫蛹。

④ 土壤处理。播种前用18.1%左旋氯氰菊酯3 000倍喷苗床,每亩用药量100千克,以杀死土中的幼虫。

⑤ 药剂防治。发现有虫及时选喷下列药剂,90%敌百虫原粉1 000倍液,或10%氯氰菊酯乳油2 000～3 000倍液,或20%氰戊菊酯乳油2 000～3 000倍液,或2.5%溴氰菊酯乳油2 500～4 000倍液,或50%辛硫磷乳油1 000～1 500倍液,或40%菊马乳油2 000～3 000倍液。以上药剂交替使用。

8.蚜虫

(1)危害特点:蚜虫俗称"蜜虫",隐藏在叶片背面、嫩茎及生长点周围,以刺吸式口器吸食汁液,使叶片卷缩。蚜虫大量发生时,叶片上布满蚜虫分泌的蜜露,使叶片黏着不能舒展,加上尘土黏附在叶片上,严重影响叶片的光合作用。受害株早衰,减产。当蚜虫聚集在青花菜的花球上时,影响商品外观。蚜虫传播病毒病,使病株出现花叶、畸形、矮化等症状。

蚜虫繁殖快,常造成爆发性危害。蚜虫危害的特点是由点到面,逐步扩散至整个田间。高温干燥有利于蚜虫发生,潮湿低温环境则对蚜虫发生不利。华北地区每年春秋两季大发生,形成两个危害高峰。蚜虫对黄色有趋性,对银灰色有忌避性。

(2)防治方法:

① 清理残株和杂草。清理前茬作物残株病叶,铲除菜田附近杂草等。

② 黄板诱蚜和银灰膜避蚜。有翅成蚜对黄色有较强的趋性,可用涂有10号机油等黏液的黄板来诱杀蚜虫。黄板的大小

一般为15～20平方厘米,插或挂于蔬菜行间。利用蚜虫对银灰色有较强的忌避性的特点,可在田间挂银灰膜条或用银灰地膜覆盖来避蚜。

③ 化学防治。在蚜虫点、片发生阶段,以防治中心蚜株为重点。大量发生时,应普遍防治,以化学防治为主。可以喷洒40%乐果乳油1 000倍液,或20%甲氰菊酯乳油2 000倍液,或50%抗蚜威可湿性粉剂2 000～3 000倍液,或10%吡虫啉可湿性粉剂1 500倍液,5～7天喷一次,连喷2～3次,以上药剂交替使用。因蚜虫喜欢在心叶和叶背面栖息,喷药要重点喷在心叶和叶背面。保护地栽培时,每亩用40%敌敌畏乳油0.3～0.4千克熏蒸,效果很好。

9.蝼蛄

(1)危害特点:蝼蛄俗名"土狗""拉拉蛄",属于直翅目、蝼蛄科。常见的有华北蝼蛄和非洲蝼蛄。蝼蛄喜食萌芽的种子、幼苗、嫩茎等,造成出苗不齐或幼苗死亡。同时蝼蛄在苗床表土中挖"隧道"造成幼苗根部受伤或根与土分离,失水死亡。蝼蛄昼伏夜出,表现有明显的趋光性,对香甜味及豆饼、马粪等也有趋性。

(2)防治方法:

① 药剂拌种。用50%辛硫磷乳油或40%甲基异硫磷乳油拌种,用药量为种子重量的0.1%,堆闷12～24小时。药剂拌种时用药量力求准确,拌药要均匀。

② 毒饵诱杀。将麦麸、豆饼、秕谷等炒香,拌入90%敌百

虫30倍液,以拌潮为度。每亩用毒饵2千克左右,于傍晚在播种后的苗床上成堆放置,可诱杀蝼蛄。也可用马粪作饵料拌敌百虫诱杀。

10. 蛴螬

(1)危害特点:蛴螬为金龟子的幼虫,属鞘翅目、金龟子科。杂食性害虫,寄主范围广,蔬菜、花卉、果树、林木和大田作物等许多植物种类均可受其害。成虫、幼虫均可危害。成虫(金龟子)夜出咬食植物叶片成孔洞、缺刻。蛴螬终年在地下啃食萌发的种子,咬断菜苗根茎,使菜苗枯死,造成缺苗断垄,或咬食地下块根、块茎成孔洞,使之生长衰弱,直接影响产量和品质。其造成的伤口又易遭病菌侵入,易诱发病害。当10厘米深处土温为8℃时,蛴螬开始上升,平均土温为15～20℃时,蛴螬活动最旺盛,土温升至24℃以上它则往深土层移动,9月以后土温下降它又回升土表,但土温下降到6℃以下时它即进入深土层中越冬。一般在阴雨及多雨年份,低洼地、黏土地及有机质多的土壤中危害较重。

(2)防治方法:

①农业防治:蛴螬常发生的地区和重害田块收获后应深翻晒土或引水泡田。避免施用未腐熟的有机肥。选用碳酸氢铵、腐殖酸铵、氨化过磷酸钙等化肥,散发出氨气,对蛴螬有一定的驱避作用。

②药剂防治:一是采用药剂拌种,可参照防治蝼蛄的方法;二是采取灌根防治。开始发现蛴螬危害时,用90%晶体敌

百虫800倍液灌根,每株灌0.1～0.2升;三是喷杀成虫。用2.5%
敌百虫粉,或90%晶体敌百虫1 500～2 000倍液,于成虫主要
栖息地和其活动、取食场所,进行地面喷雾,效果也较好。

(九)出口青花菜有机栽培

山东省是较早开展青花菜有机栽培技术研究与开发的省
份之一,有机青花菜大量种植出口。出口青花菜有机栽培技术
比无公害栽培技术难度大,难度主要集中在病虫害防治、施用
农药和肥料等方面。随着出口青花菜的增加,青花菜有机栽培
日益受到重视。以下以秋季露地栽培为例,介绍有机青花菜栽
培的主要技术。

品种选择及播种育苗技术可参照秋季露地栽培部分。

1.土壤选择

根据有机认证标准,选择已经过3年以上转换周期(指3
年内种植的作物不施化肥,不用化学合成农药,土壤不含高残留
有毒物质),前茬未种过十字花科蔬菜,远离工业"三废"污染的
地块,同时最好选择土质较肥沃、排水和保水力较好的沙壤土或
黏壤土种植,前茬作物宜为瓜类、豆类,后茬作物为葱、蒜等。

2.定植

前茬作物收获后及时整地、施肥。进行有机配方施肥,先
测定土壤供肥能力,再根据计划产量指标、肥料来源,计算出需
肥量。施肥方法:基肥50%铺施、50%畦施或垄施。一般每亩

施有机圈肥 5 000 千克。撒施有机圈肥后,深耕 25～30 厘米,耙平耙细。南北向起垄,垄宽 70 厘米,高 15 厘米,垄距 50 厘米。采用起垄大小行栽培,管理方便,便于灌水与排水,植株抗病能力增强。

定植方法和密度等可参照秋季露地栽培部分。

3.田间管理

青花菜喜肥水,在重施基肥的基础上,要注意发棵肥和膨球肥。缓苗后进行第 1 次追肥,每亩追施腐熟的粪肥 200 千克,挖穴,深埋,随即浇水。浇水后中耕 1～2 次,结合铲除田间杂草。半个月后进行第 2 次追肥,每亩施用腐熟捣细的大粪干或鸡粪 500 千克,挖穴,深埋,植株基部培好土再浇水,浅中耕一次后,控制 5～6 天不浇水,适当蹲苗,促进根系生长,使其形成强大莲座叶的同时又不徒长。莲座末期初现花球时重施追肥,每亩冲施腐熟的人粪尿 1 000 千克。以后每隔 5～7 天浇一次水,保持土壤湿润,以利于花球生长膨大。

4.病虫害防治

由于有机种植杜绝施用化学合成农药,加大了病虫害的防治难度,发现病虫害时,主要采用物理法、人工捉拿法、利用天敌及生物制剂等综合措施协同防治。

(1)病害:主要针对霜霉病、软腐病、黑腐病等防治。主要措施:一是保证水源不被污染;二是加强田间管理,田间要做到旱能浇,涝能排,高温高湿季节经常中耕松土、除草,增强土壤通透性,促进植株健壮生长,提高抗病能力;三是发现病株及时带土拔除,并用石灰水灌穴杀菌。发病初期,喷洒石灰水或用1:1:200的波尔多液,每7~10天喷一次,连喷2~3次,可有效控制危害。或在发病初期用农抗120水剂500~600倍液灌根,也能有效防治病害蔓延。

(2)虫害:重点是加强对小菜蛾、菜青虫、甜菜夜蛾、蚜虫等的防治。利用成虫的趋光性,每6 000平方米左右设置1~2盏黑光灯或每4公顷用一盏频振式杀虫灯,诱杀小菜蛾、甜菜夜蛾等。利用蚜虫的趋黄色性,安装黄色粘蚜板,可大量粘杀蚜虫;在虫口数量较少的情况下,对大龄幼虫进行人工捉拿,必要时每亩用Bt乳剂100~150毫升,或灭幼脲3号制剂500~1 000倍液。红蜘蛛、蚜虫可用百草1号1 000倍液,或硫磺胶悬剂800倍液喷雾防治,蚜虫还可用1%皂液、沼液或苦参碱水剂、藜芦碱喷雾防治。

五、生理障碍及克服措施

（一）花球生长异常

1.早期现球

在植株茎叶生长未达到一定生长量,植物营养体尚未建立起来时,青花菜出现花球的现象,称为早期现球。发生早期结球的原因主要有:一是育苗后期或定植后茎叶未充分生长时,遇低温,或干旱,或老化,致使定植后缓苗慢;二是花球膨大期肥力不足;三是品种选择不当,也易造成早期结球。

防止早期结球的措施:一是要选用适宜的品种,适期播种。春季露地栽培要防止长时间处在10℃以下的低温。春季定植不宜过早,一般在外界日平均气温稳定在6℃以上,地表10厘米处温度稳定在5℃以上方可定植。若提早定植,要提前在田间覆盖地膜,提高地温,定植后覆盖小拱棚等保温。二是要加强肥水管理。如在秋季露地和秋延迟栽培中,要注意苗床肥水管理,防止干旱。苗龄不宜过大,忌用小老苗和弱苗。追肥要早,以促为主,使花芽分化时形成足够的叶片数。

2.散花球

在一个花球上,各处花蕾的发育不一致,部分花蕾发育早,部分花蕾发育晚,使花球高低不平,似塔林状,称为散花球。散花球的主要原因是花芽分化后营养生长过旺,生殖生长受到抑制;花芽分化期遇高温,使花芽分化不完全;育苗后期遇低温,致使花芽发育不良。此外,主根受损,根系发育不良,也可使植株生长发育受到影响而形成散花球。

防止散花球的措施主要有:培育适龄壮苗;春季定植后,浇水要适量,不覆盖地膜的要勤中耕,提高地温;秋季要及时浇缓苗水,降低地温,中耕疏松土壤,促进缓苗;保持田间湿度适宜,使根系充分扩展和活动;田间追肥切忌一次追肥量过大,保持土壤肥力均匀。

3.毛叶花球

花梗上的小叶从花球中间长出的现象,称为毛叶花球,有时也叫夹叶花球。这种花球球面往往凸凹不平,商品性差。据专家研究,青花菜在花芽分化过程中,在花原基分化后,遇到25℃以上的高温,花芽分化停顿,甚至部分返回到叶原基状态,花蕾间出现叶片。毛叶花球发生的主要原因是春季播种过晚,秋季播种过早,花芽分化所需的低温不够,或花芽分化后及花球膨大期遇到30℃以上的连续高温天气,或氮素养分过多,营养生长过旺所致。

防止毛叶花球的主要措施:一是适时播种;二是加强肥水管理,防止花球膨大期的氮肥过剩;三是定植时忌用小老苗,不宜过密。

4.黄化球

青花菜栽培过程中,当花球长到拳头大小时,花蕾粒便变黄,这种花球称为黄化球。

产生黄化球的主要原因,一是春季栽培生长后期进入高温期或者棚温过高,多雨少日照或植株徒长,花茎伸长,外叶过于繁茂,花蕾生长受到抑制,变淡变黄;二是花球邻近采收期,光照过强,气温升高,如果采收不及时,花蕾就容易黄化;三是采收后的贮存期间也易发生黄化。

防止青花菜黄化球主要是要适量施肥(尤其是氮肥),防止肥力过剩;合理加大株距,抑制花球膨大期的营养生长;当花球长成后要及时采收。青花菜不像花椰菜,花球不耐久放,采收后要及时运输到加工厂加工。

(二)缺 素 症

在青花菜生产上,容易发生营养元素的缺乏症,氮、磷、钾等大量元素的缺乏容易引起足够重视,但青花菜生产中常发生的缺硼、缺镁、缺钙、缺钼等就容易被忽视。因此,必须提高对缺素症的认识,并采取措施加以防止或补救。

1.缺硼及其补救措施

营养元素硼影响叶绿体的结构,缺硼叶绿体发生病变,进一步影响碳水化合物合成和运输。其机理是因为硼参与细胞壁中果胶的生成。缺硼时细胞壁的果胶形成受阻,输导组织被破坏,体内养分移动缓慢,钙向新组织的移动受阻,使生长点处的细胞液呈酸性,细胞分裂旺盛部位变黑枯死。所以,植物缺硼的共同特点是生长点首先停止发育,进而萎缩、坏死。

青花菜缺硼时,茎表皮及心部坏死,叶尖黄化、枯死,叶柄内侧出现纵裂,形成空洞。或花球内部开裂,花上出现褐色斑,花球带苦味,顶芽死亡,质地硬,失去食用价值。

缺硼的补救措施:一是施用硼砂,一般每亩施用0.5～2.0千克。施用时要均匀,防止局部过多。也可用0.1%～0.3%硼砂或硼酸加入0.3%的生石灰喷施,硼砂和硼酸是热水溶性,配制时先用60～70℃的热水溶解。二是增施有机肥。因为有机肥本身含硼,有机肥施入土壤后,硼可随有机肥料的分解而释放出来,而且有机肥可以增加土壤肥力,提高保水保肥能力,促进根系发育和对硼的吸收。三是要控制氮肥用量,特别是铵态氮过多,会影响植株体内氮和硼的比例,抑制硼的吸收。四是田间管理要防止土壤干旱,要适时、适量灌水,保持土壤湿润,以增强对硼的吸收。

2.缺镁及其补救措施

营养元素镁是构成叶绿素的元素之一。缺镁时,叶绿素减少,而变成黄色,光合作用下降,糖类或淀粉合成减少。镁在植物体内向生长旺盛的幼叶和新芽中移动。因此,镁缺乏症首先出现在老叶上,老叶叶缘开始黄化,随后扩展到脉间失绿,最后只有叶脉保持绿色,并最终变褐色、坏死。

青花菜缺镁时，表现叶脉间黄化，有时呈褐色或暗红紫色，其症状渐及幼叶。

缺镁的补救措施：每隔10天左右叶面喷一次1%~2%硫酸镁溶液。如果是酸性土壤，每亩用氧化镁石灰80~100千克或氢氧化镁60千克，加水溶解后施于株间，也可将其粉末撒在垄上再灌水。钙和镁容易因灌水或降雨而溶解流失。为保持植株体内各要素之间的平衡，必须使土壤经常保持适宜的镁含量。但施用镁肥不一定能使所有的缺镁症状恢复正常。当土壤中钾浓度过高时，由于植物先吸收钾而影响对镁的吸收，导致体内钾过剩而镁不足，则植株表现缺镁。而且，即使土壤含有镁，在缺磷情况下也影响植物对镁的吸收。因此，提高施镁效果，在预防钾过剩和磷缺乏的同时，考虑镁与磷的协同作用，从而最大限度地发挥镁的作用。

3. 缺钙及其补救措施

叶片中钙的含量较多。钙可以中和叶片内部代谢及叶内反应产生的有机酸。如果叶片中积累有机酸，会使细胞液呈酸性，阻碍植物正常的生理活动。钙在植物体内与草酸或果胶结合，多沉淀于老叶，很少移动到幼叶。钙还参与植物体内糖分的运输，缺钙时碳水化合物运输受阻。

青花菜缺钙时，心叶叶尖萎缩，呈深褐色并枯死，花蕾较小，色泽发暗，花球有变黄现象。缺钙的补救措施：一是每亩用石灰质肥料50~80千克加水溶解后施于株间；二是将0.3%~0.5%氯化钙溶液或0.3%磷酸亚钙溶液喷叶，每5天喷一次；三是因土壤中水分不足而阻碍植株对钙吸收（土壤中不缺钙）时，无论是保护设施栽培还是露地栽培，都要注意合理灌水，避免出现水分过多或过少的现象；四是氮、钾过多容易造成缺钙。对容易发生缺钙的地块，要有计划地施肥，避免氮、钾过多。已发生缺钙的地块，必须控制氮、钾肥的施用。

4.缺钼及其补救措施

营养元素钼主要参与植物的氮素代谢过程，是硝酸还原酶的主要组成成分。钼能促进植物对氮素的利用，对植物体内氮素的吸收、利用和贮存，蛋白质合成等都有重要作用。

青花菜缺钼时，叶肉退化，只剩叶尖部分，称为鞭状叶。缺钼影响了叶片正常功能的发挥，使青花菜产量降低。

防止缺钼的主要措施：一是施用钼质肥料或氧化钼肥料，防止土壤变为强酸性。因为在强酸性土壤中，钼与土壤中的铁、铝结合形成不溶性的钼酸铁、钼酸铝，不能被植物吸收。二是施用有机肥及各种矿渣肥，以补充钼。在未出现缺钼症状时，每亩可施用 0.01%～0.05% 钼酸铵 100 升。

（三）冻 害

青花菜在春季早熟栽培育苗期、秋延迟栽培采收期及越冬栽培的整个时期，都容易发生冻害。

苗期发生冻害，受害轻的叶片变白或呈薄纸状，受害重的似开水烫过。花球受冻，球中心最嫩的花蕾先受冻，变褐色，并易于腐烂，有强烈难闻的味道。

针对较易发生冻害的原因，采取相应的措施加以预防：一是要加强苗床保温防冻。苗床结构合理，采用阳畦育苗时，可考虑在苗床北侧架设风障，从而增加苗床的温度。夜间温度低时，加盖草苫等覆盖材料防寒，夜间草苫上可再盖上一层塑料薄膜保温、防寒、防雨。育苗期在分苗后，要覆盖小拱棚等进行保温。二是加强棚内保温。拱圆大棚栽培温度不足时，夜间在大棚的四周盖草苫。还可在大棚内覆盖小拱棚，必要时也可在小拱棚上加盖草苫。三是控制氮肥用量，增施磷、钾肥料，促根系发育，增强抗寒力。四是露地栽培可采取行间覆盖保护措施。如将秸秆、树叶、谷壳、草木灰等铺在青花菜行间或覆土3～5厘米把心叶盖住。五是中耕培土，疏松土壤，提高地温。六是控制早薹早花，寒流后及时查苗，注意培土，解冻时撒施一次草木灰或谷壳灰。七是喷洒防霜冻液。可选喷27%高脂膜乳剂80～100倍液，或每亩喷植物抗寒剂K-3 100～300毫升。

六、青花菜加工与贮藏

（一）净菜处理

青花菜加工产品主要用于出口，以下以出口青花菜为例，介绍采收、分级、包装、预冷等。

1.采收

规范使用化学农药，严禁在安全间隔期内采收上市。采收前7～10天应停止灌水和追施氮肥，以免青花菜产品含水量过高，造成机械损伤而感染病害，不利于贮运。

青花菜的采收标准：花球充分肥大，表面圆整，边缘尚未散开，花球紧实，色泽浓绿。青花菜要根据品种的特性，适时采收。采收时期很严格，采收过早，花球尚未充分膨大，则单球重和总产量低；采收过晚，花薹伸长，花球松散，表面不平整，甚至有的花蕾露出黄色花瓣，使花球质量变劣。尤其高温期如不及时采收，花蕾黄化，失去商品价值，不符合贮藏和外销的标准。

采收时间宜在清晨6：00～7：00之间，避免阳光直射，严禁在中午采收。如傍晚采收，应洒水，通风降温，夜间放在露天通风的地方，翌日清晨装车外运。不要在下雨天采收，以免微生物污染。一般每天采收1次。同时,青花菜的采收期还要充分考虑并按照客户的要求标准采收,一般作加工用的花球重300克左右,直径11~15厘米,球高13~14厘米,不空心,带6~7片叶。采收工具最好为不锈钢刀具。采收时将花球及肥嫩花茎带10厘米一起割下。如作鲜销,可在花球已充分长大、未散球时将花球连同部分肥嫩花茎割下。采收期温度低时,花球不易开散,且适采期长。采收时,要避免雨淋,避免人为、机械或其他伤害。

青花菜花蕾细嫩,不耐贮运,采收后可以直接进入冷库预冷,也可以先包装再入冷库。运输过程中要防震防压。

2. 分级

(1)基本要求:无论鲜菜出口还是速冻出口都对原料(花球)的新鲜度、形状等方面都有一定要求(表3)。

表3　　　　　　　出口青花菜原料要求

项　　目	质　量　要　求
新鲜度	新鲜,洁净、无异物(包括杂草、土壤、石块、毛发等),无萎蔫,无腐烂变质、异味等
球　形	半球形,规则、圆整、紧实,无空心,无机械损伤,无畸形
花　蕾	墨绿色或绿色等青花菜固有的颜色,蕾粒大小、颜色均匀一致,无黄心,无白蕾,无枯黄蕾,边缘蕾粒无开散
病虫害	无
冻　害	无

(2)花球分级:根据进口国的要求,对花球进行分级。

3. 包装

采用透气纸箱包装,纸箱宽×长×高为30厘米×35厘米

×55厘米，或根据客户的要求调整包装箱的大小。纸箱最大能承受300千克的质量。

（1）包装前准备工作：一是将花球置于操作台上，切去基部多余的老茎，保留一段花茎（花茎长度根据客户要求确定），去掉老叶；二是清洁。用干净的湿毛巾擦干花球表面的泥、水或其他污物；三是将包装纸箱折好，并将通气孔打开（洞孔与差压预冷设备配套设计）。

（2）包装：按相同品种、相同等级、相同大小规格整齐摆放于箱内，花球朝上；每箱码两层，第一层码完后在其上隔一层纸，再码第二层，或用纸单球包装。码第二层时，注意将花茎放在两花球间，避免造成机械损伤，将箱口封牢。箱上应标明品名、净重、产地等。

除采用透气纸箱包装外，还可用泡沫塑料箱、木条箱、塑料筐等作包装箱。若包装箱的边缘或内表面粗糙，可用廉价纤维板或软纸等衬垫。国际市场上装运青花菜一般采用泡沫塑料箱盛放。泡沫塑料箱的好处是轻便，既能保冷，又能保湿，较易达到保鲜要求。不过，由于泡沫塑料箱的保温性能好，如果从田间收获青花菜立刻放入箱内，上盖后进入冷藏库预冷，势必拉长降温时间。因此，对泡沫塑料箱一般是先预冷，后装箱。当然，如果有真空预冷设备的，可以先装箱，青花菜及其包装一起预冷。

4.预冷

采收后的花球，由于机械伤口的出现，呼吸强度会急剧升高,造成体内物质消耗速度加快,应使用冷藏车或保温车运输,做到随收随运,尽量减少在田间停留时间,运往预冷场所进行预冷。预冷的方法有差压预冷、冷库预冷等。

（1）差压预冷:

① 预冷前准备。预冷前做好以下工作:一是将预冷温度调控到0℃。二是将封好的菜箱放置在差压预冷通风设备前,使纸箱有孔两面垂直于进风风道,并使每排纸箱开孔对齐。三是风道两侧纸箱要码平。若预冷的菜箱少,可两侧各码一排;预冷菜箱多时,可各码2排,堆码高度以低于帆布高度为准,两侧顶部和侧面均要码齐。四是依不同差压、预冷通风设备的大小,预冷量可有所不同。需要预冷的菜量大时,可依据设备大小码到最大量,剩余再码另一设备。五是菜码好后,将通风设备上部的帆布打开,盖在菜箱上,并要铺平,不要打折。帆布盖侧面要贴近菜箱,垂直放下,防止帆布漏风。

② 预冷操作。打开差压预冷通风系统,并将继电器调到需要预冷的时间。预冷时间要根据采收时期及码放菜箱的多少确定。一般在高温期内采收的青花菜需要预冷较长的时间,在低温期采收的预冷时间短。

③ 预冷后的注意事项。一是预冷后应尽快运走,一般不超过10小时,可用保温车运输;超过10小时的,要用冷藏车运输。夏天外界温度超过30℃时,运输时间超过8小时的要用冷藏车运输。冷藏车温度控制在0～5℃。二是如果预冷库紧张,可以将其倒到其他冷库。贮藏温度控制在0℃,空气相对湿度

控制在95%～100%。

（2）冷库预冷：将已经装有青花菜的纸箱，放入冷库进行预冷，冷库的温度为3～4℃，恒温；夏秋季预冷时间为10～24小时，冬季和春季可根据外界气温的变化，适当保温。

（二）加工技术

青花菜加工产品类型主要是保鲜青花菜、速冻青花菜、冻干青花菜。

1.保鲜青花菜

保鲜青花菜的加工工艺流程是：采收 → 运输 → 分级→预冷 → 包装 → 运输。

保鲜青花菜的采收、运输、分级、预冷、包装、运输等过程可参照本书相关部分，这里不再重述。

2.速冻青花菜

速冻青花菜的加工工艺流程是：原料 → 选别 → 清洗 →杀菌 → 切分 → 分级 → 漂烫 → 激冷 → 再杀菌 → 脱水 → 冻结 → 金属探测 → 计量包装 → 贮存。

（1）原料收购：要求青花菜品质新鲜，成熟度适宜，色泽自然（为鲜绿色），无腐败、变质，无病虫害，无机械伤；花球周正，有明显光泽，口感脆嫩，无粗纤维感；结球紧实，无冻伤，无裂口及病虫害。为保证青花菜产品无药物残留或残留不超标，在收购前1天从菜地抽取样品进行残留检测，农残超标的禁止收购。

（2）选择：制作速冻青花菜的原料进厂后，应尽快处理，要求当天必须加工完毕，防止因延迟加工而使青花菜变质。加工室内温度在15℃以下，首先对原料进行选择，除去畸形、带伤、有病虫害、成熟过度或不成熟的青花菜。

（3）清洗：清洗时要求将青花菜表面黏附的泥土、脏物和沙子等洗掉。可用适当压力水枪冲洗菜体内夹带的沙粒等。

（4）杀菌：清洗后用20毫克/升的次氯酸钠溶液浸泡。

（5）切分：按照客商要求对青花菜进行切分，一般青花菜按直径切分为2~5厘米的菜块，也有的切分为1~2厘米、2~4厘米、4~6厘米3种规格。

（6）分级：将菜块按大小级别进行分级。

（7）漂烫：漂烫可以防止蔬菜细胞冻结致死后，其氧化酶活性增强而发生褐变，排除蔬菜组织内的气体，消火黏附在蔬菜表面的虫卵和微生物。青花菜漂烫的温度为100℃。漂烫的时间要根据出口的不同国度、不同饮食习惯而定。如出口日本的青花菜要求漂烫4~5分钟，出口美国的青花菜则要求漂烫3~5分钟。

（8）激冷：漂烫后的青花菜一般要进行激冷，又叫预冷却。激冷的目的是为了避免余热继续使某些可溶性物质发生变化，而导致物料过热、颜色改变或重新遭到微生物污染。冷却用水要符合卫生标准。冷却槽内的水温一般应低于5℃，不能达到结冰状态。

（9）再杀菌：用80毫克/升的次氯酸钠溶液再次杀菌。

（10）脱水：有时叫做沥水，其目的是为了防止残留的水带进包装内，影响外观性状和质量，一般采用机械沥水方式，沥水时间以10～15分钟为宜。

（11）冻结：沥水后的青花菜由提升机送到振动布料机中，布料机的布料质量对于实现均匀冻结和提高冻结质量具有很重要的作用，避免物料成堆或空床，以免影响其冻结能力和冻结质量。

（12）金属探测：将完全冻结的青花菜通过金属探测器检测金属碎片，如发现有金属碎片必须剔除，再行计量包装。

（13）计量包装：要仔细检查，将不合格品检出，包装封口要牢固，不允许开口、破袋，包装间温度控制在0～5℃，包装好的产品要及时入库，要求从包装到入库不超过15分钟，包装箱外表明品种、规格、批次号、厂代号和生产日期，外包装要牢固美观。

（14）贮存：完成上述工序后，要迅速将产品送到 -18℃冷库内贮存。

3. 冻干青花菜

利用冻干技术生产冻干青花菜，可以除去产品中大部分水分，而且不损失叶绿素和多种营养成分，口感脆嫩，外形美观，色泽美观，贮存期可大大延长。加工工艺流程是：原料 → 选择 → 清洗 → 切分 → 分级 → 漂烫 → 冻干 → 包装 → 贮存。

对原料进行选择、清洗后，将花枝横向切断，选择嫩茎长度2厘米左右的花枝，茎部切口朝上，放入冻干盘中漂烫，然后用冻干机冻干。

冻干的过程分为冻结、升华和解冻3个阶段。冻结的温度为−40℃左右，升华的时间约为15小时，真空度为10.7～13.3帕。待冰全部升华后，继续加热，使产品上升到规定的最高温度并保持数小时后，关闭冻干室与冷凝器之间的阀门和连接真空泵的阀，将物料从冻干室中取出，迅速包装。然后，再向冷凝器中通入热水，使升华冻结的冰融化为水排出。青花菜的解冻吸水时间为9小时，板温为50℃，真空度为10.7～13.3帕。

冻干后的青花菜一般采用铝箔复合膜袋包装，先抽真空，再充氮，在室温下进行贮存。

（三）贮藏和运输

采收后的青花菜呼吸强度很高，因此应尽快降温，以降低呼吸作用，保持青绿色和维生素C的含量，使其保持良好的状态。

青花菜在采收后宜马上销售或进行加工，来不及销售或加工的可进行短期贮存。

1.简易贮藏

（1）假植：冬季到来后，田间植株的花球尚小时，可以采取假植的方法贮藏。11月下旬，气温下降，将有小花球的植株挖出，用自身的叶子包住小花球，将植株紧挨在一起栽到贮藏沟内。一般沟宽1米,沟深1.0～1.5米。贮藏初期要防止温度过高,白天盖上草苫,晚上揭开,温度保持在0～2℃。贮藏后期要防冻,根据气温变化情况随时加、减覆盖物。上市前10～15天,加厚覆盖物,使温度升高到7～10℃,这样花球在贮藏过程中可以继续生长,生长到0.5千克左右即可上市。

(2)窖藏:寒冬来临之际,适时采收花球,选择0.5～1.0千克、花枝紧凑、花蕾致密的贮藏,每株保留3～5个叶片,在筐或箱内垫聚乙烯塑料薄膜,膜内垫消毒过的草包,将花球放入筐或箱中,以2～3层为好。收拢草包或塑料薄膜,但不要盖得太紧,以利于通风,装好后放入窖内。窖温控制在0～1℃,定期测定袋内的气体成分,当二氧化碳浓度达到5%时,开袋放风1小时左右,然后以半封闭状态贮藏,贮藏期间要定期检查温度、二氧化碳等。采用此法青花菜可以贮藏40～50天,元旦至春节时供应市场。

2.冷藏

青花菜采收后,选择结球良好、无机械损伤、无病虫害的花球摆放在周转箱内,箱上用叶片保湿,尽快运往冷库。经预冷至0℃时分级、装箱。纸板箱中用聚乙烯塑料膜袋装花球,膜袋厚度以0.04毫米为好,每个袋中装1个花球,装入花球后密封袋口,袋上打两个小孔,封箱后放入冷库贮藏,冷库温度保持在-1～0℃,空气相对湿度保持在95%以上。如果是出口青花菜,则在预冷后按照出口标准的要求对花球进行选择、分级、包装。装箱后立即加进一些碎冰块,封箱后放入0℃冷库中,并尽快组织外运。

3.气调贮藏

青花菜是适合气调贮藏的蔬菜,贮藏环境的氧气1%~2%,二氧化碳为5%~10%。贮藏过程中,如果二氧化碳浓度过高,会造成生理伤害,使青花菜产生一种类似煤气的异味,导致风味变劣。由于气调贮藏还未普及,所以多采用MA贮藏,即限制性气调贮藏。其中最为常用的是采用塑料薄膜包装,利用青花菜自身的呼吸作用消耗氧气,产生二氧化碳,从而达到高二氧化碳、低氧的贮藏环境。另外,薄膜包装也可抑制水分散失,避免菜体萎蔫。

4.运输

青花菜运输以使用冷藏车或冷藏集装箱运输为好,应首先对其制冷系统进行全面检查,并应在装车前将箱体温度降到0℃,装卸时间要快,在整个运输过程中都应严格掌握箱体内的温度在0℃左右。运输中没有冷藏设备的,可于采收后及时在包装箱内加冰块降温,加冰量占箱总体的1/3~2/5,并尽快运至目的地。

菠　菜

一、生产现状与市场分析

菠菜，别名波斯菜、赤根菜、棱菜、鹦鹉菜、鼠根菜、角菜，为藜科菠菜属，以绿叶为主要产品的一二年生草本植物。原产波斯（亚洲西部的伊朗地区），有2000年以上的栽培历史。《唐会要》说：菠菜种子是唐太宗贞观二年由尼泊尔作为贡品传入中国的。11世纪传入西班牙，此后普及欧洲各国，1568年传到英国，19世纪引入美国。目前已经成为世界各国普遍栽培的绿叶蔬菜，也是我国南北各地的一种主要蔬菜。

（一）菠菜的营养价值

菠菜是一种极为普通的蔬菜，但它所含的营养种类众多，且大部分营养的含量要比其他蔬菜多，因而被称为"营养的宝库"，古代阿拉伯人也称它为"蔬菜之王"。近期美国的《时代》杂志将菠菜列为现代人十大最健康食品的第二位。据中国医学科学院卫生研究所（1981年）分析，每100克食用部分含水分91.8克，蛋白质2.4克，脂肪0.5克，碳水化合物3.1克，粗纤维0.7毫克，维生素C 39毫克，维生素B_1 0.04毫克，维生素B_2 0.13毫克，尼克酸0.6毫克,钙103毫克,磷53毫克,铁1.8毫克,胡萝卜素3.87毫克,可供热量113千焦。与普通蔬菜比较,以胡萝卜素、叶酸、维生素B_2、钙的含量较高。根据另外的分析,菠菜每100克可食部分还含钾502毫克、铜13.5克、碘88毫克、维生素K 4毫克。

菠菜中含有的胡萝卜素经由人体摄取后,会在体内转变成维生素A,而维生素A可以保护上皮组织和眼睛,长期缺乏时会造成皮肤角质化,或干眼症、夜盲症的产生;叶酸对孕妇非常重要,能预防胎儿神经系统的缺陷;菠菜中含有大量的抗氧化剂,具有抗衰老、促进细胞增殖、激活大脑功能;菠菜中含有丰富的维生素C、钙、磷及一定量的铁、维生素E等有益成分,能供给人体多种营养物质;其所含铁质,对缺铁性贫血有较好的辅助治疗作用;菠菜中含有丰富的维生素K,尤以根部为多,维生素K有止血和凝血的作用;菠菜叶中含有一种类胰岛素样物质,其作用与胰岛素非常相似,能使血糖保持稳妥;菠菜长于清理人体肠胃的热毒,中医认为菠菜性甘凉,能养血、止血、敛阴、润燥。因而可防治便秘,使人容光焕发。

菠菜可凉拌、炒食或做汤,欧美一些国家还用以制罐头。

因菠菜中含有较多的草酸,与人体吸收的钙结合,容易形成草酸钙,结石患者忌食,幼儿不宜多食。

(二)菠菜生产现状

菠菜在较长日照和较高温度下,容易花芽分化和抽薹,在春末和夏季栽培较少。在较短日照和冷凉的秋、冬季节,有利于植株叶丛的生长,不易抽薹,所以菠菜秋季栽培产量高,品质好,经济效益也高,传统菠菜主要以秋季栽培为主。秋菠菜一般亩产量可达3 000千克以上,按每千克1元计算,亩产值超过3 000元。菠菜在我国主要进行露地栽培,但也可进行保护设施栽培。保护设施栽培主要是采用小拱棚、大棚覆盖栽培方式。露地及保护设施栽培结相合,延长了菠菜的收获供应期,使菠菜供应期大大延长。如山东博兴等地采用风障、小拱棚保护栽培方式进行栽培,采收期达到3个月以上,亩产量达到2 000~2 500千克,产值在3 000元以上,获得了较高的经济效益。

全国菠菜的种植地域广阔,但种植方式较为分散,但随着出口贸易的增加,出现了许多较大规模的菠菜生产基地。山东省出口菠菜种植规模较大的地区主要分布在蔬菜出口企业较为集中的地区(如烟台、泰安等),烟台龙大集团有限公司、泰安亚细亚蔬菜加工出口公司等,在企业附近都建有出口菠菜生产基地,保证了加工原料的供应。随着菠菜出口量的逐年增加,为进一步提高出口菠菜的国际竞争力,针对出口需要,许多地区还开展了出口菠菜的有机栽培,与普通菠菜相比,有机栽培菠菜的效益更高,如泰安市菠菜有机栽培的亩平均收入达到了5 000元以上。

(三)菠菜国际市场分析

菠菜是我国出口量较大的十多种蔬菜之一,在日本、欧盟等市场上深受欢迎,发展前景广阔。据商业部统计数据表明,我国保鲜菠菜和冻菠菜产品以出口为主,进口额约占出口额的0.15%。2004年1~6月,在菠菜出口省份中,山东省占绝对优势,冻菠菜为301.7万美元,占全国的77.2%;鲜菠菜为8.6万美元,占全国的49.8%。江苏冻菠菜出口创汇49万美元,占全国的12.6%;广州鲜菠菜出口创汇7.3万美元,占全国的42.5%。

我国菠菜主要以速冻产品或脱水产品出口到日本、新加坡以及欧美国家,尽管不同年份之间菠菜的价格有所变化,但价格一直维持在较高的水平,一般加工品的价格在500~1 000美元/吨。出口创汇企业通过菠菜的速冻加工出口,增加创汇非常显著。

日本是世界上农产品进口量最大的国家,是世界上农产品价格最高的国家之一。日本进口蔬菜的来源分布在70多个国家,进口量相对集中的前5位的国家和地区是中国、美国、新西兰、泰国和中国台湾,且其中生鲜蔬菜和冷冻蔬菜的进口量愈来愈大。速冻菠菜每年出口日本5万吨以上。我国产品在日本市场上具有品种、质量和价格优势。

从欧盟市场分析,德国是欧盟进口速冻菠菜数量最大的国家,其次是法国。比利时、英国等国家进口菠菜的数量也比较大。欧盟消费的速冻菠菜基本上都是由欧盟国家生产的,非欧盟国家进口量很少。但中国速冻菠菜却以质量和价格优势得到欧盟消费者的认可。

农产品农残问题一直是国际农产品贸易的焦点,菠菜出口遇到的主要问题是农药残留超标。日本是我国菠菜出口的主要市场，但农残毒死蜱含量超标一直是影响对日出口的主要问题之一。日本从2006年6月起，对输入本国的农产品实施《食品中残留农药化学品肯定列表制度》。该制度规定，食品中农业化学品含量不得超过最大残留限量标准；对于未制订最大残留限量标准的农业化学品，其在食品中的含量不得超过"一律标准"，即0.01毫克/千克。一旦输日食品中残留物含量超过以上标准，将被禁止进口或流通。在此制度下，日本要求中国出口的冷冻菠菜毒死蜱含量标准必须在0.01毫克/千克之下。欧盟菠菜毒死蜱的限量为0.05毫克/千克，美国蔬菜中毒死蜱最高限量也是0.05毫克/千克，可见日本对进口菠菜农残限量标准的严格程度已经远远超过国际标准。

针对毒死蜱等农药残留方面出现的问题，国家质检总局加强了对我国冷冻菠菜检验检疫和监督管理，全面强化源头监管，并建立了一套由企业自控系统和检验检疫监控系统构成的"输日菠菜安全控制体系"，大力推行"公司+基地"出口食品生产管理模式，按照"输日冷冻菠菜农残监控体系运行规范（试行）"（附录四）要求运作。

山东的出口企业开始在内部实施严格的核查办法，包括"作业记录至少保存2年""农药使用记录保持3年以上""有每季度的土壤和灌溉水质化验记录"等59项标准；每一批菠菜都有一套完整档案，从购种开始，包括每一次用药、灌溉直至收获、包装、运输、检验检疫等环节，都有详细的资料记录。一旦蔬菜在检验、出口等环节被发现问题，可立即追溯到根源；菠菜在种植期间，关键进行测土施肥和严格控制用药种类、剂量和施药时间，在临近收获期以后，则只使用生物农药，同时采用诱（捕）杀等物理方法（如诱蛾灯等）杀灭成虫，并保护和利用天敌；临近收获的菠菜在收获前和工厂加工后还要各进行一次抽样检验。例如，收获前4～5天，对田间菠菜要进行农残检验，只有检验结果低于农残标准，才开始收获。

二、菠菜生产的基本要求

（一）对品种的要求及常见优良品种

我国生产的菠菜大部分国内消费，部分出口日本、欧盟以及我国港、澳地区。出口菠菜收购后主要进行速冻加工、脱水加工等。

菠菜依种子形态可分为有刺种和无刺种两种类型。有刺种，叶片薄而狭小，戟形或箭形，尖端锐尖或钝尖，又称"尖叶菠菜"。叶面光滑，叶柄细长。耐寒力较强，耐热力较弱，春播易抽薹，多用于秋季栽培。无刺种，种子无刺，叶片肥大，多皱褶，卵圆、椭圆或不规则形，先端钝圆，又称"圆叶菠菜"。耐寒力较有刺种稍弱，耐热力较强。春季抽薹较晚，宜春、秋及越冬栽培。

菠菜生产中，要根据不同栽培季节特点选用适宜的品种，越冬菠菜宜选用冬性强、抽薹迟、耐寒性强的中、晚熟品种；秋菠菜宜选用抗旱、耐热、生长快、高产和品质好的圆叶品种；春菠菜宜选择叶片肥大、抽薹迟的品种；夏菠菜宜选用耐热性强，生长迅速，不易抽薹品种。

以下介绍常见的优良品种。

1. 急先锋

由日本引进的品种。该品种生长旺盛,株型直立、高大,叶柄粗壮,叶片长椭圆形,叶色浓绿,叶片肥厚,生长速度快。味美,品质佳,适合于速冻及脱水加工出口。适播期长,播后45～50天采收,一般亩产3 000千克,高产田可达4 000～5 000千克。

2. 全能菠菜

由日本引进的一代杂交种。TAK11公司生产,香港黄清河公司总代理。为目前国内广泛推广的菠菜品种之一。生长快,在3～28℃气温下均能快速生长。株型直立,株高30～35厘米,叶片7～9片,单株重100克左右。叶色浓绿,厚而肥大,叶面光滑,长30～35厘米,宽10～15厘米。涩味少,质地柔软。抗霜霉病、炭疽病、病毒病。耐热,耐寒,冬性强,抽薹晚。适应性广,生长快,高产,品质佳。

3. 急将军

为西洋种系和东洋种系交配而成的一代杂交种。植株特征特性介于东洋种和西洋种之间。生长势强,植株直立。叶片稍宽,缺刻浅少,叶色浓绿,有光泽,叶肉厚。耐热性、耐寒性强,抽薹晚,栽培容易。晚夏、秋、冬、早春均可播种。

4. 胜先锋

为一代杂交种。株型直立,株高30～35厘米,单株重55～65克。尖圆叶,叶面光滑,叶色深绿、光亮。商品性极好。

生长快,抗病性强,尤其对霜霉病有很强的抗性。抗抽薹,中早熟,春季栽培播后40天左右收获。耐热性强,可晚春、初夏和早秋栽培。

5. 南京大叶菠菜

南京市郊区农家品种,属无刺种。植株半塌地生长,叶片肥大,心脏形,叶面皱缩。品质好,产量高,耐热,适于夏季及早秋栽培。

6. 秋绿

山东省莱阳市华绿蔬菜种苗有限公司与山东省农业科学院蔬菜研究所合作育成的一代杂交种。植株较矮,叶丛半直立,株高30厘米左右,单株重100～250克。叶色深绿,叶圆形、肥大,叶柄短、稍皱,叶长14～16厘米。生长速度快,在适温下生长期50天左右。耐寒性强,在最低气温-15℃的地区能安全越冬。抽薹较晚。口味佳,无酸涩味,口感滑甜。

7. 春秋大叶菠

由日本引进的品种。株高30～36厘米,半直立。叶片长椭圆形,先端钝圆,平均叶长26厘米,宽13厘米,叶肥厚,质嫩,风味好。抗病,耐热,抽薹晚,但抗寒性较弱。

8. 托菜

由日本引进的品种,极早熟。低温生长性强,适合冬季栽培。叶片肥大,鲜绿,叶肉厚。植株生长整齐一致,生长速度快。抗病性强,栽培容易,适合春秋栽培。

9.欧菜

由日本引进的品种。生长势旺,生长整齐一致,抗病性强。叶浓绿,叶肉厚。食味佳。商品性极佳。耐寒、耐热性强,抽薹晚且稳定,适应性广,栽培容易。

10.埃斯巴

由日本引进的品种。植株半直立,整齐一致。叶浓绿色。肉质、食味佳。抽薹晚,抗霜霉病,适于春夏栽培。耐贮运,保鲜时间长。

11.美佳顿

由日本引进的品种。植株直立,整齐一致,株型好。叶鲜绿,叶面皱缩少。抗霜霉病,低温期生长旺盛,适于冬春栽培。

12.夏莱特

由日本引进的品种。植株半直立,整齐一致。叶浓绿,肉厚,品质优。抗霜霉病,耐热,抽薹晚,容易栽培。适于春夏种植,产量高。耐贮运,保鲜时间长。

13.日本奥伊菠菜

由日本引进的品种。植株生长势强,叶片肥厚,略有皱褶,叶柄较长。质地柔嫩,品质好。较耐热,也有一定的耐寒性,但植株对病毒病的抗性较弱,栽培时要注意防病。

14.广东圆叶菠菜

广东农家品种,属无刺种。叶长椭圆形至卵圆形,先端稍尖,基部有浅缺刻。叶片宽大肥厚,深绿色。耐热不耐寒,适于夏秋栽培。产量高,品质好。

15. 荷兰比久大叶菠菜

荷兰比久公司育成的系列品种,如K3、K6等,圆叶,耐热,抗高温,适于夏季栽培。

(二)对产地环境的要求

1. 对生态环境条件的要求

(1)对温度的要求:在绿叶蔬菜中,菠菜是耐寒力较强的一种蔬菜,冬季平均气温在-10℃的地区,只要有风障,或地面稍加覆盖,甚至不加覆盖,也可以安全越冬。在长江流域以南,菠菜完全可以安全越冬,在华北、东北、西北等地区越冬时有时需要稍加覆盖。菠菜的耐寒力与植株的生长发育状况有密切关系,当主根发育良好,幼苗具有4~6片真叶时,植株储藏的养分多,植株生活力强,耐寒力就强,有时可以忍受-30℃的低温,即使-40℃的低温下有时仅仅外叶表现出冻害,根系和幼芽未受到损伤。所以,在东北极其寒冷的地区,只要植株生长发育状况良好,露地也能越冬。如果幼苗只有1~2片真叶,或幼苗过大,或即将抽薹的植株,则抗寒力降低,越冬时容易受到冻害,甚至死亡。

菠菜不同生育阶段对温度的要求不同,菠菜发芽的最低温度为4℃,最适温度为15~20℃。在适宜的温度下,发芽需要4天左右。超过适宜温度时,随着温度的升高,发芽率却下降,发芽天数也增加,35℃时发芽率很低,往往不到20%。因此在高温季节播种时,必须将种子先在冷凉的环境下催芽,然后播种。在营养生长时期,菠菜叶面积的增长以日平均温度20～25℃时为最快。低于23℃,随着温度的下降而增长缓慢;高于25℃时,随着温度的升高,植株生长也减缓。这是因为过高的温度,增加了植株的呼吸作用,大量的营养物质被呼吸消耗掉,养分积累减少。

（2）对光照的要求:菠菜是典型的长日照蔬菜,在日照时间长的栽培季节中,很快分化花芽并抽薹。菠菜从播种到开花的天数,随着日照时数的延长而缩短。如日照为6小时,播种至开花约需73天;日照12小时约需46天;而日照16小时仅需34天。菠菜花芽分化的主要条件是长日照,在长日照条件下,即使不经受低温,也可进行花芽分化,即在长日照条件下,低温并不是菠菜花芽分化的必要条件。但是,当日照时间不足12小时时,种子经过低温（1～3℃）处理的,花芽分化期比种子未经处理的显著提早。这说明在短日照条件下,低温有促进花芽分化的作用。这一点对菠菜秋季播种进行采种时,在日照时间较短的情况下,如何促进花芽分化具有指导意义。当植株花芽分化后,随着温度的升高和日照时间的加长,花器发育、抽薹和开花等过程均明显加快。生产中发现,越冬菠菜在进入翌年春、夏季时,由于高温、长日照来临,植株会迅速抽薹、开花。

根据温度和日照时间对菠菜营养生长和生殖生长的影响,为提高菠菜的产量,确定适宜播种期的原则是,播种出苗后,基生叶的生长期尽可能处在日平均气温为20～25℃的温度范围内，争取有较多的叶数和较肥大的叶片。而在花芽分化后，温度降低，日照时间缩短，使基生叶有较长的生长期，从而提高单株重量。

（3）对水分的要求：菠菜生长需要大量的水分。菠菜以柔嫩多汁的叶片为食用器官，其含水量92%左右，田间栽培密度大，整体叶面积大，因此水分消耗多，对水分的要求较高。在空气相对湿度80%～90%、土壤含水量为18%～20%的环境中，叶丛生长旺盛，品质柔嫩，产量高。在空气和土壤干燥的情况下，叶片生长缓慢，叶片组织老化，纤维增多，品质下降。尤其在温度高、日照时间长的春季，缺水易造成营养器官生长不良，而花薹容易抽生和发育，且菠菜群体中的雄株数目超过雌株数目，对菠菜的采种也会造成不良影响。当然，水分过多也会导致菠菜生长不良。

（4）对土壤条件的要求：菠菜对土壤质地的要求不严格，沙壤土、壤土及黏壤土都可以栽培，可以根据不同栽培季节选择适宜的土壤。沙壤土早春地温升高较快，菠菜越冬后返青快，在这种土壤上进行越冬或早春栽培时，可以达到早采收、早上市的目的。但为追求高产，也可以选择保水、保肥力强的壤土或黏壤土种植。

菠菜在中性至微酸性的土壤中生长良好，pH以6～7为宜，在酸性土壤中，生长缓慢。当pH小于5.5时，叶片易变黄，变硬，无光泽，不伸展。所以酸性过大的土壤需要用石灰或草木灰进行改良。生产实践证明，用苦水（即含钾、钠、钙等盐类的水）浇菠菜时，菠菜生长良好，这是由于酸性大的土壤因浇苦水而使土壤酸性降低了。菠菜有一定的耐盐碱能力，但当pH大于8时，植株生长不良，产量低。

（5）对营养条件的要求：菠菜生长需肥量大，为保证菠菜的正常生长，需要施用氮、磷、钾三要素俱全的肥料。在此基础上，要特别重视氮肥的施用。氮肥充足时，叶部生长旺盛，产量高，品质好。缺氮时，植株矮小，叶片发黄，叶片小而薄，纤维多，品质差，而且容易未熟抽薹。生产上关于氮肥对菠菜产量和质量的重要性较易认识到，但施氮过多，偏施氮肥，而忽视磷、钾肥的应用才是生产上更要引起注意的问题。磷肥能促进叶片分化和根系的生长发育，提高菠菜的耐寒能力。钾肥适量，叶片生长肥大，养分含量高，品质好。据测定，每生产1 000千克的菠菜，大约需要吸收纯氮8.4千克、五氧化二磷2.1千克、氧化钾11.1千克。试验证明，仅施氮肥的菠菜，与施用氮、磷、钾的菠菜相比，株高降低33.3%，单株重降低43.5%。在缺硼的田块中种植菠菜，心叶卷曲、失绿，植株矮小。在施肥时每亩配合施用0.50～0.75千克的硼砂，或加水配成溶液，叶面喷洒，可以防治缺硼症。

2.生产基地选择与规划

（1）菠菜生产基地的选择：对菠菜生产基地的基本要求：一是菠菜生产基地要求地势平坦，土壤耕层深厚，疏松肥沃，保水保肥力强，土壤为壤土或黏壤土；二是交通便利，便于生产资料供应和产品的外运；三是环境质量安全。生产基地要远离工矿区、交通要道、村庄等有可能造成空气污染的地方。菠菜种植前，对基地的环境质量要进行监测和评价。生产基地的农业生态环境必须经过环境检测部门检测，并在大气、水质和土壤环境质量上达到规定的指标。

（2）生产基地规划：菠菜基地要相对集中，最好能进行规模化生产，以便于菠菜采收、运输、加工、出口以及技术指导。搞好田间道路和排灌系统。

（三）对栽培管理的要求

绿色食品菠菜的生产，同其他绿色食品青花菜生产一样，要加强栽培技术措施，为菠菜创造适宜的生长条件，提高其对不良环境的抗性；要加强对病虫草害的综合防治，控制病虫草害发生；要严格控制农药、化肥的使用，避免农药、化肥对蔬菜的污染。因此，生产过程要体现绿色食品特色，要特别重视肥料施用和农药使用等影响质量安全的关键环节。具体可参考本书青花菜栽培管理部分。

（四）对菠菜规格质量的要求

国内市场销售的鲜食菠菜的质量要求相对较低，而出口对菠菜的规格质量要求严格，以下以出口菠菜为主介绍对菠菜的规格质量要求。

1.出口菠菜的产品类型

出口菠菜的产品有速冻菠菜、脱水菠菜、保鲜菠菜三大类型。速冻菠菜按产品形状可分为速冻菠菜条、速冻菠菜段等。脱水菠菜按脱水方式可分为热风烘干（AD）菠菜和真空冻干（FD）菠菜。山东出口菠菜产品主要是速冻菠菜和脱水菠菜两种类型。

速冻菠菜是将菠菜置于 -30～ -40℃的低温下，使其快速冻结而成的加工食品。速冻后的菠菜，中心温度达到 -18℃，能够较好地保持菠菜原有的风味和营养成分，并具有方便、卫生和供应期不受季节限制的优点。速冻菠菜在山东出口速冻蔬菜中占有非常重要的地位。

脱水菠菜是通过自然或人工的干燥方法，将菠菜中的水分减少，提高可溶性物质的浓度，以阻止微生物的活动，同时还可以起到抑制菠菜本身所含酶的活性，使产品可以长期保存。脱水菠菜具有体积小、重量轻、食用方便等优点，是山东出口蔬菜的重要类型之一。

2.出口菠菜的规格质量标准

（1）出口菠菜原料质量收购标准：菠菜原料农药残留必须符合进口国要求，同时应达到的基本要求是新鲜，组织柔嫩，叶片肥大，茎短，肉厚；株型完整，未抽薹，无枯、黄、老叶；无病虫害和机械伤，无腐烂，无黑根。从茎底至叶尖的长度25～38厘米，茎基部粗（直径）大于2厘米。

验收原料时，随机抽样检验进行评判。一般按原料总量的

5%随机抽样,从中挑出有病虫害、黄斑、抽薹、开花、黄叶、紫叶、紫根、冻伤及沙石杂草等异物,称重,计算百分比。良好率在90%以上视为合格原料。

出口菠菜原料可分为以下三等:良质、次质、劣质。

良质:色泽鲜嫩翠绿,无枯、黄、老叶和花斑叶;植株健壮,完整,捆扎成捆;根部无泥,捆内无杂物;不抽薹,无腐烂;无机械伤,无病虫害。

次质:色泽暗淡,叶子软塌,不鲜嫩;根上带泥,捆内有杂物;植株不完整,有损伤折断,无烂叶,无病虫害,外形不整齐,大小不等。

劣质:植株抽薹开花,不洁净,外形不整洁,有机械伤;有泥土或有枯、黄、老、烂叶;有病虫害。

(2)出口菠菜规格标准:出口不同国家对规格的要求有一定差异,现以日本上市蔬菜为例介绍其规格标准。

① 基本要求:农药残留符合日本要求;有产品固有的形状和色泽,无腐烂变质,无病害和损伤;菜体完整,清洁,无泥土等污染。

② 等级标准:无抽薹,无病虫害,适当去除根茎。

③ 规格标准:包括尺寸、数量、包装箱等标准。

尺寸标准:尺寸标准如表4。达到基本标准,但达不到等级标准或尺寸标准要求的称为等外产品。

表4　　　于日本上市的菠菜的三个等级的长度

规格	L	M	S
体长	28厘米以上	20～28厘米	20厘米以下

数量标准：在市场销售时，以1束或1袋重量300克为标准。30束或30袋为一个包装单位。

包装箱标准：包装材料使用瓦楞纸板箱，其标准如表5。

表5　　　　于日本上市的包装箱标准

包装箱尺寸	横　装	竖　装
长（内尺寸）	460毫米	430毫米
宽（内尺寸）	360毫米	320毫米
高（内尺寸）	145毫米	285毫米

材质：符合JISZ1516A段4种以上标准的外包装用双面瓦楞纸板。在允许变形范围内最大耐压强度为350千克以上。允许变形范围：双面瓦楞纸板为18毫米以内。封箱方法使用封箱钉，脚长15毫米以上，宽2毫米以上，上面固定2处以上，底面固定4处以上。封箱带使用符合JISZ1511包装用封箱带第一种以上标准或相当于此标准的材料。包装箱外需明显标识以下内容：商品名称、产地、等级、数量和供应商或商标。

数量标准和包装箱标准不适用于等外产品。

三、生产茬口安排与栽培技术

菠菜适应性广,植株生长快,不论大小均可收获和食用,产品收获期不严格。菠菜又有耐热、耐寒的特点,所以生产上可以做到排开播种,分期收获供应。因为菠菜在较长日照和较高温度下,有利于花芽分化和抽薹,在较短日照和冷凉的秋冬季节,有利于植株叶丛的生长,所以菠菜秋季栽培产量高,品质好,经济效益高。菠菜既可进行露地栽培又可进行保护设施栽培,但生产上以露地栽培为主。保护设施栽培主要是小拱棚、大棚、日光温室栽培等方式。

(一)生产季节与茬次

(1)秋菠菜:秋菠菜是菠菜生产的主茬,该茬的适宜播期为8月上旬至9月中旬。"立秋"后气温开始下降,此时较低的温度有利于叶原基的分化,生长期内的大部分时间适于菠菜叶丛生长,此茬菠菜一般不抽薹,品质优,产量高。秋菠菜在全年栽培茬口中单株最重,总产量最高。

(2)越冬菠菜:越冬菠菜在山东各地栽培面积较大。设施栽培的可在10月中下旬至11月上旬播种,春节前后分批采收。露地栽培一般在9月下旬至10月中旬播种,适当早播,使小苗冬前有适宜的叶片数,以保证植株能安全越冬。此茬菠菜对满足冬春市场对叶菜类蔬菜的需求有重要作用。

(3)春菠菜:根据采收期不同而采用地膜覆盖或露地栽培。地膜覆盖的一般于3月上旬播种,4月下旬收获。露地栽培的,在土壤表层温度4~6℃解冻后,开始播种,适播期为3月上旬至4月初,5月上旬至5月下旬收获。

(4)夏菠菜:该茬菠菜是全年生长期最短的一茬菠菜。可于5~7月分期排开播种,6月下旬~8月下旬陆续采收。由于夏季高温和强光等,对菠菜种子出苗及植株的正常生长造成不良影响,因而夏菠菜产量低,品质差。夏菠菜的播期在适宜范围内宜早不易晚,最早可在5月中下旬播种。

(二)越冬菠菜栽培

越冬栽培是指于秋季播种,冬前长至4~6片叶,以幼苗状态越冬,翌年春季返青继续生长,于早春供应市场的一种栽培方式。山东各地越冬菠菜栽培面积较大,对解决早春淡季蔬菜供应起着重要作用。生产上应注意越冬前保苗,翌春后使其尽早返青,延迟抽薹,控制生殖生长等问题。

1.茬口及选地

菠菜茬常将根部留在地内,易发生病害或虫害,故以隔年轮作为好。如土壤肥沃、质地疏松和施用有机肥较多时，也可连年种植，但在病虫害发生严重时忌连作。

越冬菠菜的前茬多为菜豆、豇豆、南瓜、冬瓜、番茄、茄子、辣椒等。后茬可以种植番茄、茄子、辣椒、菜豆、豇豆、夏甘蓝等蔬菜。利用菠菜植株矮小、生长快等特点，也可与小麦、大蒜、韭菜等进行间作套种。

越冬菠菜最好选择保水保肥力强的沙壤土栽培，这种地块土质疏松，早春地温回升快，有利于幼苗越冬和早春返青生长，提早收获。

2.选择品种

越冬菠菜如不注意选择品种，容易抽薹而降低产量和品质。因此，越冬栽培应选用冬性和耐寒性强、品质好、生长快、增产潜力大的品种。

3.整地施肥

前茬收获后，应及早拉秧、灭茬，每亩施优质腐熟有机肥5 000千克，配施氮、磷、钾三元复合肥20～30千克。撒匀，深耕15～20厘米，耙两遍，使土肥掺和均匀。播种前做成宽1.2～1.5米的平畦。基肥不足的，可以在做畦后畦内施用优质腐熟农家粪肥2 000～3 000千克。浅耕、耙平，使粪土混合均匀，土壤疏松细碎，便于幼苗出土和根系生长。如果整地粗糙，粪土不匀，影响播种质量，出苗差，也影响根系发育，容易造成越冬期间土壤透风，死苗增多。

4. 播种

（1）播种期：越冬菠菜播种早晚与幼苗越冬能力、翌年返青时间、收获时间和产量密切相关。播种过早，越冬幼苗苗龄大，植株大，叶数多，将大大降低植株的抗寒力。因为大苗的外叶衰老，越冬时容易枯黄脱落，翌年返青时又因叶数多且大，蒸腾消耗水分多，此时根系活力尚未恢复，吸水力较弱，植株水分失去平衡，外叶将继续枯黄脱落，影响早熟；相反，播种过晚，越冬时幼苗苗龄小，叶片少且小，根系浅，养分贮藏少，根系不耐寒，不耐旱，越冬时容易大量死苗。且翌年因幼苗小，返青晚，生长迟缓，经历春季温度升高，日照延长，植株容易未熟抽薹，影响菠菜的产量和品质。

实践证明，菠菜的适宜播种期是菠菜在冬前长有 4～6 片真叶，此时植株生长期 40～60 天，主根长 10 厘米左右。这样的植株生长健壮，根系发达，直根入土深，贮藏养分较多，抗寒、抗旱能力较强，能够安全越冬，翌年返青早，生长迅速，加上管理得当，容易早熟高产。具体播种期应根据当地的气候条件而定，山东各地一般在 9 月下旬至 10 月中旬播种。如采用保护栽培（小拱棚、风障等）则播种期适当延后，可在 10 月中下旬至 11 月上旬播种。

（2）选种：菠菜种子的优劣直接影响出苗的质量及最终产量。因此，生产上宜选择粒大、充实饱满的种子，这种种子出苗后生长迅速，早熟，高产。选用种子时除注意选用适宜品种外，还要注意种子的来源，最好选用头年秋播越冬栽培的种株上采收的种子,这样通过连年选择,可以不断提高植株的抗寒能力,能够安全越冬,翌年抽薹率低;如果连年采用了春播采种的种子播种,其后代的抗寒力会逐渐减退,抽薹期逐渐提早,从而影响越冬菠菜的产量和品质。

（3）种子处理:

① 搓散种子。菠菜种子常常几个、十几个聚合在一起,有刺种子带刺,这些都会影响播种均匀,使种子与土壤不易密接,所以播种前要对种子搓散、去刺。一般可以用木棒敲打,敲碎外果皮。

② 浸种催芽。菠菜种子的外果皮较硬,内果皮木栓化,厚壁组织比较发达,有碍于种子吸水和空气进入,以致发芽和出苗缓慢。为促进种子发芽,缩短出苗期,播种前多进行种子催芽处理。其方法是:将搓散的种子用凉水浸泡12～24小时,如种子量较大时,取出后铺在室内地面上,上盖湿麻袋保持湿润,每天翻动一次,使堆内温、湿度均匀,氧气充足,以利种子萌动。经3～5天,待60%以上种子露出胚根时即可播种。也可在浸种后将种子摊晾开,待种子表面水分略干,种子比较容易分散时立即播种。

③ 化学药剂处理。采用化学药剂处理也可促进种子发芽,可采用双氧水（过氧化氢,H_2O_2）浸种或硫酸浸种。

双氧水浸种:将菠菜种子（实际为果实）用5%的双氧水浸种16小时,或用30%双氧水浸种1小时。双氧水处理后,可使菠菜果皮变薄,如果透过果皮可清晰地看到种皮,则说明浸种程度适宜,再用清水将种子清洗干净,置于20℃下催芽。

硫酸浸种:将菠菜种子在50%的硫酸溶液中浸种15分钟,捞出后用清水冲洗干净,然后置于20℃下催芽。

(4)确定播种量:菠菜播种量应根据不同地区和收获方法等确定。一般暖地播种宜稀疏些,寒地宜密些;生长期间一次性收获的宜稀疏些,分次收获的宜密些。播种量的多少影响植株的耐寒力和产量。播种量过多,出苗后表现过于稠密,容易徒长,使根系生长差,影响植株的健壮程度和养分积累,耐寒力差,越冬时死苗多,翌年抽薹多,影响产量和品质。但如果播种晚,或苗期需要分次间苗,可以适当密些;播种量过少,单位面积内的株数少,也影响产量。冬季旬平均最低气温在-10℃以上的地区,当种子发芽率高、播种期适宜、不间苗、一次性收获时,播种量以每亩4～5千克为宜。

(5)播种方法:有湿播和干播两种。湿播法是先在畦内浇足水,待水渗下后铺一层底土(有调平畦面的作用),再播种,覆土。湿播法有利于保墒和幼苗出土。干播法是先播种、后盖土,然后镇压,最后浇水。催出芽的种子必须湿播。干播法中的镇压,可以使种子与土壤密接,有利于种子吸水,使出苗整齐,同时可以防止灌水时冲刷畦面,使种子外露。

播种方式有撒播和条播两种。撒播法是直接在畦面上撒种子,撒种要均匀。条播法可按沟距10～15厘米、沟宽1.5～2.0厘米、沟深2～3厘米开沟,然后播种。

5. 田间管理

（1）越冬前的管理：越冬前幼苗生长期为40～60天，此期的主要任务是培养抗寒力强，能安全越冬，翌年春季又能旺盛生长的壮苗。播种后要保持土壤适宜湿度，使种子发芽迅速，出土整齐。采用干播法播种的，如果土壤干燥时还没有出苗，要及时轻浇一次水，促进子叶出土。出苗后，1～2片真叶时，应适当浇水，保持土壤湿润。3～4片真叶时，可适当控水，促进根系向纵深发展，以利于安全越冬。若幼苗偏密，2～3片真叶时可间苗一次，苗距3～5厘米。结合间苗，要拔除杂草，防止草荒。此期可根据苗情追肥，若苗弱小、黄瘦，可每亩施用硫酸铵10～15千克或尿素5～7千克，并浇水，促进幼苗生长。若有蚜虫危害，应喷药防治。到期末，幼苗长至4～6片叶、主根深10厘米左右，为越冬菠菜最适宜的越冬状态。

（2）越冬期管理：从菠菜停止生长到翌年春季返青前为越冬期。此期管理的主要任务是做好防寒、保墒工作，使幼苗安全越冬。

①浇冻水。浇冻水是指冬季土壤开始冻结时，在越冬作物田间浇水的措施，这是我国农民在长期的生产实践中总结出来的保护越冬作物安全越冬的有效措施。菠菜浇冻水的作用主要表现在：一是浇冻水后，畦内土壤有充足水分。水的比热大，结冻后可使地温比较稳定，外界的冷空气不易直接侵入而危害幼苗。二是浇冻水的地面冻结，水分不易散失，这些水分可供翌年菠菜返青时利用。三是土壤中有了水分，翌年春季可以晚

浇返青水,土壤不会因浇水而降低地温,有利于幼苗早春生长,在春旱、土壤水分蒸发量大的地区尤为重要。四是黏重土壤浇水后,由于土壤中水分的冻融作用,可促使土壤结构疏松,有利于幼苗根系生长。

浇冻水必须适时、适量。浇冻水的时间应根据不同地区及当年的气候情况灵活掌握,以土壤地面在夜间冻结、次日中午能融化为浇冻水的适宜时间。浇早了,由于土壤中的水分还要蒸发,会丧失土壤中蓄积的水量,有时还需补浇;浇晚了,地面已经冻结,水分不能渗入土壤中,根际依然缺水,而水分在土壤表面结冰,抑制了根系呼吸,死苗更加严重,浇冻水的水量要充足,以能维持到翌年菠菜返青时的需要,并能在短时间内完全下渗入土为适量,切勿大水漫灌。浇冻水还应根据土质和土壤地下水位的高低而确定。沙质土壤应在浇冻水后表土干燥时再补浇一次水,覆盖细土保墒。黏质土壤浇冻水后地表易龟裂,可在地面冻结时盖细土,防裂,保墒。地下水位高的土壤浇冻水量可适当减少,地下水位低的需多浇。

② 畦内盖圈肥。根据山东各地的气候特点,正常年份菠菜可露地安全越冬。若不是为了春季早收获,可不用冬季立风障或扣小拱棚保温。山东各地菜农习惯在浇冻水后趁早晨土壤化冻前撒施细圈肥。越冬菠菜地面覆盖圈肥的作用:一是防止土壤龟裂和保墒。菠菜在浇冻水后地面容易出现龟裂,尤其是粘重的土壤在浇水后更易龟裂,细圈肥可以覆盖住浇水后的裂缝。裂缝减少,土壤水分蒸发变少,从而起到保墒的作用。

二是覆盖圈肥后，翌年春季菠菜可以及时吸收贮存养料，尽快缓苗。三是圈肥可起到保温防冻的作用，圈肥撒施在菠菜植株根际，可以减弱根际冷空气气流，可起到一定的保温作用。

③ 防蚜。越冬菠菜是蚜虫的越冬场所，如不及时防治，不仅直接危害菠菜，而且还易传播病毒病等病害。因此，在菠菜停止生长前，使用乐果、溴氰菊酯等农药杀灭蚜虫。

（3）返青旺盛生长期管理：菠菜越冬后，植株恢复生长至开始采收为返青旺盛生长期，这段时间需30～40天。越冬后菠菜的心叶开始生长，随着温度的升高，叶部生长加快，但温度升高和日照加长的环境条件有利于抽薹。因此，管理上的主要任务是加速营养生长，防止植株老化，使植株在抽薹前达到最大的生长量，在抽薹前采收完毕。若此期管理不当，肥、水不及时，则生长受到抑制，叶片小，组织老化，容易抽薹，影响产量和质量。管理上的主要措施有适时浇返青水，抓紧追施氮肥，促进菠菜快速生长。

① 浇返青水。早春土壤开始化冻，地温开始回升，菠菜心叶开始生长时，要选择晴天及时浇返青水。浇返青水的时间和浇水量与菠菜的生长、采收期和产量等关系密切，需要适时、适量。

浇返青水的时间应根据当地气候等因素灵活掌握。一般应选择当地气温已趋于平稳，且有几个连续晴天，耕作层已基本解冻，表层土壤略现干燥，植株心叶呈暗绿色、无光泽时进行。山东各地一般在3月上中旬浇返青水。有风障的栽培畦，或北边有屏障的地块,冬季冻土层浅,春季化冻早,宜早浇返青水。浇返青水的时间还要考虑土壤质地和地下水位,一般沙壤土、地下水位低的地块,地温提高快,可较黏壤土、地下水位高的地块提前浇水。返青水的浇水量宜小不宜大,过大容易降低地温,反而影响返青生长。

② 追肥浇水。菠菜返青后开始进入旺盛生长期,应供给充足的肥水,才能丰产。随着菠菜生长的加速及气温和地温的回升,逐渐加大肥水量,但应小水勤浇,保持地面湿润。每隔一水施一次速效氮肥,每亩施用硫酸铵15～20千克,或尿素10千克左右,随水冲施。

6.采收

菠菜的收获期,应根据菠菜的长势及出口的商品标准及时收获,一般在植株25～35厘米高时收获。越冬菠菜的收获还要注意观察田间菠菜的生长情况,如发现部分植株即将抽薹,就要及时收获。收获时一般用镰刀贴地面收割,可略带一部分红根,以免散棵。将收获的菠菜摘除老叶、黄叶、烂叶、病叶、虫叶和泥土,根部理齐,用尼龙绳捆绑成1.5～2.0千克的小把,运往加工地点。

(三)春菠菜栽培

春菠菜是指于早春播种,春末夏初收获的一茬菠菜。春菠菜播种时,前期气温低,出苗慢,不利于叶原基的分化,后期气温高,日照延长,有利于花薹发育,所以植株营养生长期较短,叶片较少,容易提前抽薹,产量较低。针对这些问题,栽培春菠菜应注意以下几点:

1.播种期

播种期的早晚与菠菜产量有密切关系。早春,当土壤表层5厘米左右化冻后,就应尽快播种,北方菜农又称"顶凌播种"。也可根据气象资料决定适宜播种期,在早春日平均气温上升至4~5℃时播种。若以开始抽薹作为采收的标准,适当早播是提高春菠菜产量的重要措施之一。但播种过早,因播种时温度低,播种到出苗时间延长,抽薹提前,反而不利于产量的提高。

2.选地及整地施肥

应选择地势平坦、土层深厚肥沃的沙壤土至黏壤土田块种植。春菠菜的前茬一般为秋大白菜、秋甘蓝、萝卜、花椰菜等。春菠菜的后茬可以种植胡萝卜、晚豇豆、毛豆等。应在头年进行冬耕。为使翌年春提早播种,也可在冬前扎好风障,这样风障前的地块可以提前化冻。

冬耕时不耙平,经过冬季雨雪的冻融作用,黏重的土壤也能变得疏松。早春当土壤化冻时,及时撒施腐熟圈肥作基肥,一般每亩施用3 000~4 000千克优质圈肥,然后浅耕,耙平,做成宽1.2~1.5米的平畦,准备播种。

3.品种选择及播种

春菠菜播种出苗后,气温低,日照逐渐加长,极易通过阶段发育而抽薹,因此应选择耐寒性强、抽薹晚的圆叶菠菜品种。尖叶菠菜品种春季易抽薹,不宜选用。

春菠菜播种时温度仍比较低,如果干籽播种,播种后的出苗期需要15天以上,这就使出苗后的叶丛生长时间缩短,导致产量降低。因此,播前最好先浸种催芽,方法是将种子用温水浸泡5～6小时,捞出后放在15～20℃的温度下催芽,每天用温水淘洗一次,3～4天便可出芽。播种时先浇水,再撒播种子,盖土,具体方法同越冬菠菜。春菠菜由于生长期短,株丛也较小,每亩用种量较越冬栽培适当增加,一般为5～6千克。

4.田间管理

采用湿播法播种的春菠菜,由于土壤水分充足,早春蒸发量小,一般可以在幼苗长至2～3片叶时浇第一次水。在浇第二次水时,每亩随水冲施尿素15千克,或硫酸铵30千克。以后要保持土壤湿润,可根据天气和土壤状况及时浇水。春菠菜生长期短,田间忌缺水、缺肥,在缺水、缺肥的情况下,植株容易过早抽薹,从而降低产量和质量。

春菠菜播种后40～50天便可采收,亩产1 500～2 000千克。

(四)夏菠菜栽培

夏菠菜又称"伏菠菜",是指于5～7月分期排开播种,6月下旬至8月下旬采收的一茬菠菜。由于夏季高温和强光的不利气候条件,对菠菜种子出苗及植株的正常生长造成不良影响,从而使夏菠菜产量低,品质差。因此,夏菠菜管理的重点是保证种子顺利发芽出苗和正常生长。采取的措施包括选用适宜品种、浸种催芽、遮阴降温等。

1. 保护设施

菠菜不耐强光和高温，山东夏季较冷凉的地区（如山区或半岛地区），可进行夏菠菜露地生产。但在平原地区，露地栽培往往因高温多雨（或高温干旱）、害虫多等原因，夏季栽培比较困难，因此夏菠菜栽培最好采取能遮阴、防雨、降温的保护设施。

保护设施最好采用拱圆大棚作骨架，前茬作物收获后，不撤棚膜，再在棚膜上覆盖遮阳网。遮阳网最好选用遮光率为35%～55%的SZW-12或遮光率为45%～65% SZW-14型黑色网，也可选用具有驱避蚜虫作用的银灰色遮阳网。覆盖遮阳网时最好离开棚膜20厘米，这样可提高降温效果，并且揭盖方便。菠菜最忌热雨淋洗，棚膜上部要盖严，平时要将薄膜四周卷起，以利通风、降温。夏季害虫多，为防治害虫，大棚四周（通风处）最好安装40目的防虫网。

2. 品种选择与确定播种期

选择适宜品种是夏季栽培菠菜的关键措施之一。夏菠菜应选择耐热力强、生长迅速、耐抽薹、抗病、产量高和品质好的圆叶品种。比较适宜夏季种植的品种有：荷兰比久公司的K3、K6等圆叶菠菜品种、广东圆叶菠菜、南京大叶菠菜等。

夏菠菜栽培，一般在播种后40～50天即可收获，因此应根据出口加工的需要安排播种期。同时要尽可能安排在夏季最高温来临以前播种,使幼苗生长一段时间后再进入高温期,这样容易获得高产。北方夏菠菜的播种期一般在5月下旬至7月上旬,在这段时间内,播种越早,产量越高,播种越晚,产量越低,所以夏菠菜播种宜早不宜晚,最早在5月下旬。

3. 浸种催芽

菠菜种子发芽的适宜温度为15~20℃,20℃以上,温度越高,发芽率越低。夏菠菜的播种期正值高温期,温度对发芽极为不利。因此,播种前必须低温浸种催芽。其方法是:将种子淘洗干净后,用深井水浸泡24小时,捞出后,沥净过多的水分,用纱布包好,吊在水井中离水面10厘米左右处,每天将纱布包沉入水中将种子淘洗一次,3~4天后即可发芽。当种子量较大时,可将用凉水浸泡过的种子铺放在凉爽的地窖中催芽,种子可铺7~10厘米厚,每天搅动一次,3~4天即可发芽。播种量较小,有恒温催芽箱的,也可将浸泡后的种子用纱布包好,在15~20℃下催芽。山东各地5~7月地窖和井水的温度常保持在16~18℃,是夏菠菜理想的催芽场所,适合在广大农村采用。

4. 整地施肥

夏菠菜的生长阶段正处于高温期,当营养生长受到抑制时,播种后很短的时间内就会抽薹。为了促进营养生长,防止过早抽薹,应供应充足的肥水。因此要重施基肥。前茬作物收获后,清洁田园,立即施肥整地。每亩撒施腐熟农家肥2 000~3 000千克,氮、磷、钾三元复合肥20千克,尿素10千克。浅耕耙，做成1.2米宽的平畦。夏菠菜的浇水次数多，每次浇水量又不可过大，所以畦面必须平整，畦不可太长、太宽，使浇水后畦内水分均匀，确保苗齐苗全。

5.播种

选择阴天或晴天下午温度较低时，用湿播法播种，即先浇水，待水渗下后，撒播种子，覆盖1.5厘米厚细土。为保证足够的苗数，每亩播种量可增加到6.0～6.5千克。播种后用作物秸秆或遮阳网覆盖畦面，降温保湿，防大雨冲刷，保证苗齐苗匀。播种后2～4天，当见到有2/3以上幼苗出土时，于傍晚或早上揭去覆盖物。

有的地区，菜农将菠菜种子与小白菜等的种子混合在一起撒播，每亩加250克小白菜种子。菠菜种子和小白菜种子都进行浸种催芽，采用湿播法播种。小白菜等比菠菜出苗早，生长快，利用它们的叶片遮阴，有利于菠菜出苗和生长。以后根据菠菜的生长情况间拔小白菜，使其不影响菠菜的生长。

6.田间管理

（1）遮阳网管理：没有保护设施的露地栽培时，播种后可在畦面上直接覆盖遮阳网，每隔一定距离要压一下，防止风吹。覆盖遮阳网后地表降温明显。出苗后于傍晚在阳光减弱时揭网，使幼苗逐渐适应环境的变化。必须注意出苗后及时揭网，否则会使幼苗下胚轴伸长，形成细弱的"高脚苗"。

保护设施栽培菠菜，出苗前的遮阳网管理同畦面覆盖遮阳网管理相同。以后应根据天气情况，灵活掌握揭盖遮阳网的时间。在晴天的上午9时至下午4时的高温时段,将大棚用遮阳网遮盖,防止强光直射;在阴雨天或晴天上午9时以前和下午4时以后光线弱时,将遮阳网卷起来,这样既可防止强光高温又可让菠菜见到充足的阳光。

(2)间苗:出苗后,对出苗过密的地方要进行间苗。

(3)水肥管理:种子出苗期尽量不浇水,以免土壤板结或冲刷盖土,使种子外露,丧失发芽条件,影响出苗。在幼苗出齐后浇第一次水,水流要缓,水量要小,以免泥浆将子叶浸泡后引起死苗。以后视土壤及天气情况勤浇、轻浇,经常保持土壤湿润,以降低地温。浇水时间要选在清晨或傍晚。如有喷灌设施,出苗后采用喷灌方式降低气温和地温,效果更好。保护设施栽培中,覆盖遮阳网具有遮光、降温和保湿作用,一般较未覆盖遮阳网的,可适当减少浇水次数。

待幼苗长出2~3片真叶后,随水施入2次速效氮肥,每次每亩施入硫酸铵15千克或尿素7.5千克。

(4)防治病虫害:夏菠菜主要病害有霜霉病、炭疽病、病毒病。主要虫害为蚜虫和潜叶蝇,要注意及时防治。

夏菠菜播种后40~50天,株高25厘米时及时采收,一般每亩产量1 000~1 500千克。

(五)秋菠菜栽培

秋菠菜是指8月上旬至9月中旬播种、10月至11月收获的一茬菠菜。该茬菠菜在生长期内，温度逐渐下降，日照时间逐渐缩短，气候条件对叶丛的生长有利，但不利于植株抽薹。因此该茬菠菜表现产量高，品质优，是菠菜一年中的栽培主茬。

1.品种选择与种子质量

秋菠菜播种后，前期气温高，后期气温逐渐下降，此时光照、温度等条件很适合菠菜生长，一般不会抽薹。因此，秋菠菜品种选择上不太严格，可选用生长快、产量高和品质好的品种。早播种的，因温度还比较高，可选用比较耐热的圆叶菠菜品种；晚播种的，可选用圆叶菠菜品种或尖叶菠菜品种。

种子质量指标应达到：纯度≥98%，净度≥98%，发芽率≥95%，水分≤10%，植物检疫合格。

2.确定播种期与种子处理

秋菠菜的播种期可以根据出口加工的需要确定，一般为8月上旬至9月中旬，这样可在10月至11月分期收获。播种过早，气温高，不易出苗，病虫害严重；播种过晚，冬前生长达不到出口标准。

8月份播种时，就菠菜种子的发芽而言，温度还比较高。特别是8月上旬播种时，日平均气温常达24～29℃。如不进行浸种催芽，则出苗慢，叶丛生长期缩短，产量降低。所以，为使菠菜出苗整齐，最好进行浸种催芽。浸种催芽方法参照越冬菠菜栽培技术部分。

3.整地、施肥

秋菠菜的前茬为春番茄、菜豆、春黄瓜、西葫芦、春甘蓝、春花椰菜等。前作收获后,清洁田园,并撒施有机肥。因秋菠菜生长量大,产量高,要注意增施基肥,每亩可施用腐熟的圈肥4 000~5 000千克,尿素20~30千克,氮、磷、钾三元复合肥15~20千克,深耕细耙,整平地面,然后做成宽1.2~1.5米的平畦。

4.播种

秋菠菜播种采用湿播法。如果播种过晚,日平均气温降到23℃以下时,种子未经浸种催芽,也可采取干播法。土壤墒情好时,可趁墒撒播种子,浅锄约3厘米,将种子掩埋于土中,然后耙平畦面。当表土略干时轻轻压实。土壤墒情不好时,播种后不要压实,随即灌水。

秋菠菜播种后,可在畦面上覆盖玉米秸或稻草等遮阴降温,但在菠菜出苗后要及时撤掉。

秋菠菜出苗后,气温较高,幼苗如果过密,下部叶片易变黄或腐烂,同时生长后期温度适宜,植株生长迅速,单株需要营养面积较大,所以密度不宜过大,每亩的播种量可减为3.0~3.5千克。

5.田间管理

(1)浇水:用干播法播种的,当表土略显干燥时,需要浇一次小水,以利于出苗。用湿播法播种的,在出苗前一般不需要浇水。当幼苗长出2片真叶后,生长速度开始加快,应勤浇、浅浇,保持土壤湿润。菠菜需水量大,若土壤水分不足,会抑制植株叶片生长,叶片老化,品质差。前期温度高的情况下,浇水的时间选择清晨或傍晚,后期温度较低时可在上午浇水。

(2)追肥:在施足基肥的基础上,植株在2片真叶以前,生长慢,需肥不多,故不需要追肥。菠菜需要氮、磷、钾完全肥料,在三要素俱全的基础上,要特别注意氮肥的施用。在2~3片真叶时可施用一次速效氮肥,一般每亩施硫酸铵15~20千克,随水冲施。当幼苗长到5~6片真叶时,可再随水冲施一次速效氮肥。叶面喷施硼肥可防止心叶卷曲失绿,一般用1 000倍的硼砂溶液在生长中后期喷施。

6.收获

秋菠菜的收获期不像越冬菠菜、春菠菜等那样受抽薹期的限制。可根据市场需求情况安排采收期,但以播种后50~60天收获的可获得较高的产量。秋菠菜一般亩产3 000~4 000千克。

(六)病虫害防治

菠菜生长期间主要病害有霜霉病、病毒病、炭疽病等,主要虫害有蚜虫、菜螟、甜菜夜蛾、甘蓝夜蛾、斜纹夜蛾、潜叶蝇等。蚜虫、菜螟、甜菜夜蛾、甘蓝夜蛾、斜纹夜蛾等的防治参照青花菜病虫害防治部分。

1.菠菜霜霉病

(1)症状:发生普遍,危害严重。主要危害叶片。初发病时,叶表面产生淡黄色、边缘不明显的近圆形斑点,以后扩大成大小不一的不规则形病斑。气候潮湿时,叶背面的病斑上产生灰白色霉层，后变为灰紫色。气候干旱时病叶枯黄，潮湿时病叶腐烂，严重时整株叶片变黄枯死。病害多从植株的外部叶片开始发生，逐渐向内蔓延。

（2）发病规律：病原为鞭毛菌亚门菠菜霜霉真菌。霜霉病菌为专性寄生菌，只能侵染菠菜。病菌以卵孢子在病株残叶内或以菌丝体在秋播菠菜上或越冬菜株和种子上越冬。翌春产生孢子囊，孢子囊成熟后借气流、雨水或田间操作传播，萌发时产生芽管或游动孢子，从寄主叶片的气孔或表皮细胞间隙侵入。在发病后期，霜霉病菌常在组织内产生卵孢子，随同病株残体在地上越冬，成为下一个生长季节的病菌初侵染源。孢子囊的萌发适温为7～18℃。除温度外，高湿对病菌孢子囊的形成、萌发和侵入更为重要。在发病温度范围内，多雨多雾，空气潮湿或田间湿度高，种植过密，株行间通风透光差，均易诱发霜霉病。

（3）防治方法：

① 农业防治。收获时彻底清除残株落叶，带出地外深埋或烧掉；重病区应避免重茬，与其他蔬菜实行2～3年轮作；施足腐熟有机肥料，提高植株抗病力；合理密植，科学浇水，防止大水漫灌；保护设施栽培时，加强放风，降低湿度；发现病叶或萎缩植株，及时拔除。

② 药剂防治。发病初期及时喷药，可喷90%乙磷铝可湿性粉剂500倍液，或25%瑞毒霉可湿性粉剂500倍液，或72%霜脲氰·锰锌可湿性粉剂600～800倍液，或64%杀毒矾可湿性粉剂600～800倍液，或50%烯酰吗啉可湿性粉剂1 500倍液，

或72.2%霜霉威水剂600～800倍液,隔7天喷一次,连喷2～3次。上述农药要交替使用,防止产生抗药性。

2.菠菜病毒病

(1)症状:全株发病,苗期至成株均可感染,田间症状表现复杂,类型多样,大体可归纳为丛生型、花叶型、坏死型和黄化型4种,以丛生型和花叶型为主。丛生型病株症状最大特点表现为严重萎缩,叶片皱缩卷曲成团,植株矮化呈丛生状。花叶型病株表现为叶片特别是嫩叶呈浓淡不均斑驳,花叶状,叶片皱缩,不平展。留种病株结实少,籽粒瘦小不充实。

(2)发病规律:病原为病毒,由黄瓜花叶病毒(CMV)、芜菁花叶病毒(TUMV)、甜菜花叶病毒(BMV)单独或复合侵染引起的。病原在越冬菠菜及田间杂草上越冬,田间传病主要靠蚜虫,秋季干旱年份、早播地、窝风地、靠近萝卜、黄瓜地的菠菜发病重。

(3)防治方法:

① 加强田间管理。调节播期,秋冬菠菜宜适当迟播,以避过秋季高温季节,并适当增加播量,以保证有足够苗数;适度浇水,确保苗期和生长前期田土干湿相宜,不受旱涝危害,改变田间小气候;施足有机肥,做到氮、磷、钾配合施用,适时追肥和喷施叶面肥,施足底肥,促植株早生快发,壮而不过旺,稳生稳长,提高菠菜抗病力;彻底铲除田间杂草;及时拔除发病株。

② 防治蚜虫。用银灰膜避蚜或黄板诱蚜;注意喷杀邻近菜地及杂草上的蚜虫;掌握蚜虫点片发生阶段及时喷杀,可选

喷20%杀灭菊酯2 000~3 000倍液,或10%吡虫啉1 500倍液,或50%抗蚜威可湿性粉剂2 000~3 000倍液。

③药剂防治。由于菠菜生长时间短,一般发病后很少用药,关键在于幼苗期治蚜,搞好预防。发病初期喷洒1.5%植病灵乳剂1 000倍液,或抗毒剂1号300倍液,或20%病毒A可湿性粉剂500倍液等,每10天左右喷一次,一般需连续喷洒2~3次。

3.菠菜炭疽病

(1)症状:炭疽病在保护地菠菜生产上发生较普遍,一些地区危害比较严重。主要危害叶片和茎部。叶片被害,初期产生淡黄色的污点,后逐渐扩大成呈灰褐色的圆形病斑,具轮纹,中央有小黑点。叶柄及采种植株的花茎染病后,病斑呈梭形或纺锤形,上面密生轮纹状排列的黑色小颗粒(分生孢子盘)。

(2)发病规律:病原为半知菌亚门菠菜刺盘孢真菌。病菌以菌丝体在病残体组织内或附在种子上越冬,成为翌年初侵染源。炭疽病菌产生分生孢子的适宜温度为24~29℃,最高温度34℃,最低温度5℃。春季条件适宜时,产生的分生孢子通过风雨、昆虫等传播,由伤口或直接穿透表皮侵入,经过几天的潜育又开始产生分生孢子盘和分生孢子,进行再侵染。雨水多、地势低洼、排水不良、密度过大、植株生长差、通风不良、湿度大、浇水多时,发病重。

(3)防治方法:

①轮作。避免重茬,与其他蔬菜实行3年以上的轮作。

②栽培措施。合理密植,浇水适宜,防止大水漫灌;施足

有机肥,追施复合肥料,使菠菜生长良好;保护地中加强通风,降低湿度;及时把病残体清除干净,减少病菌在田间传播。

③ 选用无病种子与种子消毒。从无病地或无病株上采种,种子用52℃温水浸20分钟后捞出,立即放入冷水中冷却,晾干后播种。这种消毒方法可以消灭附在种子表面和深入到种子内部的病菌菌丝。用药剂拌种的消毒效果一般不够理想,而且用药不当还会降低种子的发芽率。

④ 药剂防治。发病初期,可用80%炭疽福美可湿性粉剂600～800倍液,或50%拌种双可湿性粉剂400～500倍液,或2%农抗120水剂200倍液,或70%代森锰锌可湿性粉剂500倍液喷雾。隔6～7天喷一次,连喷2～3次,最好用不同药剂交替喷施。

4.菠菜潜叶蝇

(1)危害特点:幼虫潜入叶内取食叶肉,形成隧道,留下的表皮呈半透明水泡状,严重时可将叶肉吃光,使光合作用面积大大减少,影响生长和外观,严重降低菠菜的食用价值和商品价值。此虫耐低温、喜潮湿,高温、干旱则不利于发育繁殖。

该虫在华北一年发生3～4代。以蛹在土中越冬。夏季干旱和高温不利于潜叶蝇发生,成虫羽化一般在清晨气温较低、湿度较大的时间,卵多产在叶背,以4～5粒呈扇形排列在一起,每头雌虫产卵达40～100粒。多于傍晚孵化,孵化幼虫寻找没有蛀道的叶子钻蛀,环境适宜时一般要1天时间方可钻进叶肉,但找不到适宜寄主时,也能在粪肥或腐殖质上取食,完成发育。幼虫老熟后,部分在叶肉化蛹,部分入土化蛹。而越冬代的幼虫则全部入土化蛹,蛹期长,可达半年以上。

（2）防治方法:

① 农业防治。及时清除并烧毁残株、落叶,减少虫源;要避免使用未腐熟粪肥,特别是厩肥,以免把虫源带入田中;收获后要及时深翻土地,既利于植物生长,又能破坏一部分入土的蛹,可减少田间虫源。

② 诱杀成虫。在越冬蛹羽化为成虫时可用胡萝卜、甘薯煮汁,加0.5%敌百虫,配成毒饵诱杀,或用糖醋液诱杀成虫。

③ 药剂防治。由于菠菜生长期短,必须考虑农药残留问题,要选择残效期短,易于光解或水解的药剂。由于幼虫是潜叶危害,所以,用药必须抓住产卵盛期至孵化初期的关键阶段。可喷洒20%杀灭菊酯乳剂2 000倍液,或2.5%溴氰菊酯2 000倍液,或20%氰戊菊酯乳剂3 000倍液,或75%灭蝇胺可湿性粉剂2 000倍液,或10%菊马乳油1 500倍液,或90%敌百虫晶体1 000倍液,或50%辛硫磷乳油1 000倍液等。

（七）出口菠菜有机栽培

山东省是较早开展菠菜有机栽培技术研究与开发的省份之一。近年来,随着出口对菠菜安全质量要求的提高,山东省出口菠菜的有机栽培面积也越来越大,仅泰安市菠菜有机栽培面积就已达到4 000公顷以上,临沂市等地也开展了菠菜有机栽培。

1.产地要求及地块选择

有机菠菜生产，要求土地从生产其他产品到生产有机农产品需要2～3年的转换期，产地环境条件应达到《HJ/T80-2001有机食品技术规范》要求。只有符合以上条件的地区才能进行菠菜的有机栽培。

在符合有机蔬菜生产产地要求的基础上，选择地势平坦、地下水位低、排灌方便、土层深厚、肥力较高、疏松、理化性状良好的壤土地种植菠菜。菠菜不宜连作，可与玉米、大豆、茄果类和麦类、小白菜、大白菜、萝卜等前后接茬进行轮作。

2.品种选择

出口菠菜有机栽培，应根据品种的特点，并结合客户的要求选择适宜品种。越冬菠菜宜选用冬性强、抽薹迟、耐寒性强、丰产的品种；秋菠菜宜选用抗旱、耐热、生长快、产量高和品质好的圆叶品种；春菠菜宜选择叶片肥大、抽薹迟的品种；夏菠菜宜选用耐热性强、较抗高温、生长迅速、不易抽薹品种。

3.土壤培肥

有机菠菜生产，不允许施用化肥，只能施用有机肥，以有机底肥为主，底肥占总施肥量的80%以上。栽培前首先要用有机肥培肥土壤。有机肥的制作方法是：按麦秸（或玉米秸、豆秸、花生棵等）70%、菌肥5%、鸡粪25%配比，在温度60～70℃，相对湿度78%～80%的条件下，每50厘米厚秸秆撒一层菌肥和鸡粪，堆高1.5～2.0米，进行发酵沤制。

将发酵腐熟后的有机肥施入土壤,可有效改良土壤,一般每亩施用腐熟的有机肥5 000千克左右。

种子处理、播种方法等可参照本书的越冬菠菜、春菠菜、夏菠菜、秋菠菜无公害栽培有关部分。

4. 田间管理

出苗后及时拔除杂草,间去瘦弱苗及过密苗。当长至2片真叶时,应小水缓流勤浇,以免水流过大致使叶片及菜心污泥浆,影响生长,或严重时引起死苗。菠菜生长期短,在播种前重施基肥的基础上,植株长至3~4片真叶时要追肥,即将有机肥料晾干整细,撒到行间,浅划锄,使肥土混合,随即浇水。

5. 病虫害防治

坚持"预防为主、综合防治"的植保方针,针对不同防治对象及其发生情况,根据菠菜生育期分阶段进行综合防治,主要采用农业措施、生物措施和物理措施防治。

(1)农业措施:针对主要病虫控制对象,选用抗病虫品种;实行严格的轮作制度,应当与非藜科作物实行2~3年轮作,以降低病(虫)源基数,减轻危害;培育壮苗,提高植株抗逆性;种植菠菜地块,要进行测土平衡施肥,增施经无害化处理的有机肥;加强田间管理,避免低温、高湿现象,发现病株及时拔除,带到田外深埋或烧掉;保持田园清洁,采收后将残枝败叶和杂草及时清理干净,集中进行无害化处理。

(2)物理措施:采用防虫网避虫等措施驱避害虫。

① 防虫网。利用防虫网的隔离作用防止蚜虫、潜叶蝇、甜

菜叶蛾等害虫进入。菠菜采用大棚栽培时，可直接将防虫网扣在大棚骨架上，一般选用22～30目、孔径0.18厘米的银灰色防虫网。实践证明，有机蔬菜基地采用防虫网防虫效果很好。

② 黄板诱杀。利用害虫的趋色性，在菠菜种植田块设置涂有黏着剂的黄板诱杀蚜虫和潜叶蝇等。黄板规格30厘米×20厘米，每亩挂30～40块，悬挂于植株顶部10～15厘米处。

③ 电子杀虫灯诱杀。电子杀虫灯可有效地诱杀菜螟、甜菜夜蛾、小菜蛾等多种鳞翅目害虫。每3公顷左右悬挂一盏，离地1.2～1.5米高。

④ 银灰膜驱避蚜虫。田间可铺、挂银灰膜驱避蚜虫等。

四、菠菜贮藏与加工

（一）菠菜贮藏

菠菜耐寒、耐冻，能忍受-7℃的低温，缓慢解冻后仍可恢复新鲜状态。菠菜可用冻藏法或冷藏法贮藏。冻藏法是在背阴处挖贮藏沟窖，借冬季低温使菠菜冻结。冷藏法则是保持菠菜新鲜、不冻结，一般需在冷库中贮藏。冷藏的适宜温度为-1~0℃，空气相对湿度为90%~95%，氧气2%~4%，二氧化碳低于2%。

1.普通冻藏法

要进行冻藏的菠菜，其适宜收获期较严格，一般是一早一晚地面上冻，中午又能化冻时收获。收获过早，下沟窖后不能立即冻结，菠菜会因呼吸作用而发热、变黄，严重时失去商品价值；收获过晚，地面冻结，收获不方便，菠菜也会因受冻使质量下降，影响贮藏效果。

收获时用铁锨将根铲起来，抖净泥土，摘掉黄烂叶，整理后捆把。每捆2~3千克，不宜过大或过小。捆好的菠菜应放在阴凉处晾掉露水，并使菜体发凉，待天气转冷时冻藏。

选择在风障或温室等北侧的遮阴处作为贮藏场地，整平地面,挖沟,沟的规格要根据地区、气候条件而定。一般挖宽、深均为30～35厘米的若干条沟,沟间距20～30厘米。将菠菜根朝下摆放入沟内,叶面撒1层湿润细土覆盖,厚度以不露叶片为宜。还可在菠菜上盖一层秫秸,随着气温的下降,分2～3次加土覆盖,覆土总厚度为25厘米左右(依地区而定)。到严寒季节,可在上面再加盖草苫等,保持沟内温度−6～−8℃,使叶片冻结而根不冻结。

冻藏菠菜上市前从沟内挖出,放在稍高于0℃的冷屋内,经过3～5天自然化冻,完全恢复原状后整理出售。

2. 通风沟冻藏法

此法基本上与普通冻藏法相同,但克服了普通冻藏法不能通风而调节温度的弊端。在风障或温室等北侧的遮阴处,整平地面,与遮阴物平行,挖宽1～2米的冻藏沟,沟的深度为30～35厘米,基本与菠菜高度相同。在沟底与沟的走向平行方向,再挖数条宽25厘米、深30厘米的通风道,各通风道间的距离为25厘米左右,通风道两端相通,露出地面。在通风道上横铺秫秸或苇秆。将经过预冷的菠菜捆根向下直立于秫秸或苇秆上,菜捆之间要有适当的空隙,以利于空气流通,防止菜叶发黄腐烂。以后的覆土与普通冻藏相同。沟内的通风道露出地面,初期应敞开,以利降温,使菠菜冻结,以后随天气变冷逐步用草把堵塞。春季地温回升,再把通风道的草把逐步移开。

3. 气调冷藏法

该法是气调库贮藏保鲜菠菜的一种方法,适于大规模贮藏。

（1）库房消毒及降温：菠菜入库前按每立方米库容用15克硫磺点燃熏蒸库房，封闭24～26小时消毒，打开门窗放烟，然后打开冷冻机将库温降至-2℃左右。将收获的菠菜，摘掉黄烂叶等，带2厘米长的根，捆成0.5千克的把。

（2）预冷及装袋扎口：将符合质量要求的菠菜分层摆在架上，在库温-1～-2℃条件下预冷24小时，使菜温与库温达到平衡时装袋扎口。采用厚度为0.08毫米的聚乙烯塑料袋，袋长100厘米、宽75～80厘米，一般每袋装10～12千克。

（3）库内技术管理：主要是对温度、湿度、气体等贮藏条件的调控。

① 温度：库内温度控制在-1～0℃，严禁库温上下波动。

② 湿度：库内相对湿度控制在90%～95%，如袋内有水则应加生石灰吸潮或用干净布擦干。

③ 气体成分：封袋后，利用菠菜自身呼吸消耗袋内氧气（即自然降氧），增加二氧化碳。当袋内二氧化碳分压达到6%时开袋放气，使袋内氧气达到18%～21%时再封闭。1周后袋内二氧化碳又升至5%～6%，再开袋放气，使袋内氧气达到18%～21%。这样反复进行，直到贮存结束。

（二）速冻菠菜加工

生产速冻菠菜的一般工艺操作过程为：原料选择 → 挑选整理 → 洗净 → 漂烫→ 冷却及沥水 → 精选 → 排盘 → 冻结

→ 挂冰衣 → 包装 → 贮藏。

原料选择：速冻菠菜原料应是组织柔嫩，叶大，深绿色，茎短，肉厚，株形完整，未抽薹，无枯黄老叶，无病虫害，无黑根，无机械伤，无污染。长度要求30～40厘米，直径（茎基部）大于2厘米。采收后应尽快进行处理和加工，以防失水萎蔫，腐烂变质。

验收原料时应根据对原料的总体印象和随机抽样检验进行评判，一般按原料总量的5%随机抽样，从中捡出病虫害、黄斑、抽薹、开花、黄叶、紫叶、冻伤及砂石、杂草等异物称重，计算百分比，良好率在90%以上视为合格原料。

挑选整理：剔除枯黄老叶、病叶、虫叶及破损叶片，从根茎以下0.5厘米处切去根部，并根据植株的大小分成不同等级，以便使冻结产品质量一致。

洗净：用流水将菠菜上夹带的泥沙等杂物冲掉。必要时在2%～3%的盐水池中浸泡15分钟，再用水冲洗干净。

漂烫：漂烫的作用是破坏菠菜中酶的活性，防止褐变，而且还具有排除菠菜组织内的气体，消灭菜体表面的虫卵和微生物等作用。漂烫方法是，将菠菜根、梢对齐，排装在竹筐中，置于100℃沸水中烫40～50秒钟。整棵漂烫时，应先将叶柄部浸入沸水中，然后将叶片部浸入，以防叶片变软。漂烫时，在水中加入一定量的食盐（氯化钠）或氯化钙、柠檬酸、维生素，可以防止蔬菜氧化变色。漂烫要均匀，使菠菜茎部烫透，叶片不揉烂，鲜绿色。

冷却及沥水：漂烫后，迅速将原料用3～5℃的冷水浸漂、喷淋,或用冷风机冷凉到5℃以下,以减少热效应对菠菜品质和营养的破坏。如果不及时冷却或冷却的温度不够低,会使叶绿素受到破坏,失去鲜绿光泽,进而在贮藏过程中逐渐由绿色变为黄褐色。所以在冷却过程中应经常检测冷却池中的水温,随时加冰降低水温。

冷却以后的原料在冻结以前,还需要采用震荡机或离心机等设备,沥去沾留在原料表面的水分,以免在冻结过程中原料间互相粘连或粘连在冻结设备上。

精选:将冷却后的原料分批倒在不锈钢板上或搪瓷盘中,逐个检查,剔除不合格的原料及杂质。

排盘:为使原料快速冻结,通常采用盘装。将沥干水分的原料平放在长方形小冰铁盘中,每盘装0.5千克。为防止短重,可以加重5%~7%,即加重到每盘0.525~0.535千克。排盘时共放两层,各层的根部分别排在盘的两侧。排盘时,先取一半菜根部朝向一侧,整齐地平铺在小冰铁盘里,超出盘的叶部折回;然后将另一半菜的根部朝向盘的另一侧,按照同样方法再排一层,便成为整齐的长方块形。块形尺寸一般为:长17厘米、宽13厘米、厚度5厘米。

冻结:蔬菜新鲜品质的保存,在很大程度上取决于冷冻的速度。冷冻的速度愈快,蔬菜新鲜品质的保存程度愈高。经过上述一系列工艺操作的原料,应立即送入冷冻机中,在-30~-40℃的低温下冻结。要求在30分钟内,原料的中心温度达到-15~-18℃。

挂冰衣：速冻菜从冰铁盘中脱离(称脱盘)以后，置于竹篮中，注意冻结后成品磕盘时不要摔裂，除去冻块表面的黄水、黄叶及其他杂物，再将竹筐浸入温度为2～5℃的冷水中，经2～3秒钟提出竹筐，则冻菜的表面水分很快形成一层透明的薄冰。这样可以防止冻品氧化变色，减少重量损失，延长贮藏期。挂冰衣应在不高于5℃的冷藏室中进行。

包装：包装的工序包括称重、装袋、封口和装箱，均须在5℃以下的冷藏室中进行。按照出口规格的要求，装入塑料袋后封口。塑料袋封口要牢固，平整，不开口，不破裂。每个塑料袋装0.5千克，用瓦楞纸箱装箱，每箱装10千克。装箱完毕后，粘封口胶带纸，纸箱标明品名、重量及生产厂代号、生产日期、批次号，运至冷藏库里冷藏。

冷藏：冷藏库内的温度应保持在-18～-21℃，温度的波动幅度不能超过±1℃；空气相对湿度保持在95%～100%，波幅不超过5%。冻品中心温度要在-15℃以下。一般安全贮藏期为12～18个月。运输和销售期间也应尽量控制稳定的低温，如果温度大幅度变动，使冻品反复解冻和冻结，将严重影响产品质量，从而丧失速冻的作用。

速冻菠菜在食用前一般需要解冻或部分解冻，使冰晶融解，蔬菜恢复新鲜状态后再烹调。解冻的过程要快，可放在电冰箱的冷藏柜内0～5℃下，或冷水中，或室温下解冻，一经解冻应立即烹调，不要解冻后长时间搁置，更不要在解冻后再行冻结贮藏。

（三）脱水菠菜加工

脱水菠菜是通过自然或人工的干燥方法，使菠菜中的水分减少，可溶性物质浓度提高，以阻止微生物的活动。同时还可以使菠菜本身所含酶的活性受到抑制，产品得以长期保存。脱水菠菜不但保存期长，而且体积小，重量轻，便于携带和运输，食用方便，是军需、旅游方便食品中的重要蔬菜之一。

生产脱水菠菜的一般工艺流程为：原料选择→挑选整理→洗净→漂烫→冷却及沥水→干制→包装→贮藏→复水。

原料选择：生产脱水菠菜应选择叶片肥厚、叶柄较短、干物质含量较高、涩味轻、粗纤维少、品质柔嫩、色泽良好的菠菜。采收后的菠菜要及时进行加工，以保持其新鲜状态。

挑选整理：挑选大小适中、没有花茎的菠菜，摘除枯黄老叶、病叶和虫叶，从根茎部将根切掉，洗净后备用。

洗净：用流水将菠菜上夹带的泥沙等杂物冲掉。必要时在2%～3%的盐水池中浸泡15分钟，再用水冲洗干净。

漂烫：将整理好的菠菜数株为一把，从锅的一边，一把一把地分散投入装有沸水的锅内，使其各部分均匀受热，漂烫40～50秒钟后捞出。锅内的水要保持沸腾状态。漂烫的目的，一方面是因为菠菜中含有的氨基酸和鞣酸，在有关酶的作用下，会发生褐变，使脱水菜的颜色变褐。漂烫可以抑制或破坏菠菜中酶的活性，防止脱水菜褐变，并减少微生物污染；另一方面,经漂烫可以排除菠菜组织内部的空气,使透性增大,有利于干燥处理时水分的蒸发,缩短干制时间。但是,漂烫的时间必须严格掌握。漂烫时间过长时,原料中的营养物质溶解在水中,而且色泽变暗,组织变软,使脱水菜品质降低。

冷却及沥水:漂烫后,迅速将菠菜用3~5℃的冷水浸漂、喷淋,或用冷风机冷凉到5℃以下。也可在漂烫后立即投入装有冷水的冷却池冷却,冷却池中的水要保持流动状态,不断排出温水,加入冷水,以加速冷却。

干制:根据热源的不同,可分为自然干制和人工干制两种。

(1)自然干制:利用自然条件,如阳光、热风使菠菜干燥。其操作方法是将经过漂烫处理的菠菜直接摊放在水泥屋顶或地面上晒干。或者在地面上架设苇席或竹箔,将菠菜摊在上面晒干,这种方式通风较好,可以较快地干燥,而且夜间或下雨时可将苇席或竹箔卷起,搬入室内继续晾干。

自然干制的方式虽然投资少,成本低,但干制效果受气候条件的限制,遇连续阴雨天气,往往使干制效果不佳,引起菠菜霉烂变质。

(2)人工干制:人工干制需要专用设备,如传统的简易烘房,现代化的人工干制机等。烘房的设备费用较低,操作管理比较容易。但烘房内的温度、湿度及通风操作,难以按要求的标准调控,劳动强度大,有时甚至因疏于管理而造成损失。

人工干制机有遂道式干燥机、滚筒式干燥机、传送带式干燥机等,适于大规模生产脱水菠菜的工厂使用。其优点是有专门的仪器设备可以自动调控或人工调控空气的温度和流速,干燥时间短,效率高,可获得高质量的脱水菠菜。

采用烘房生产脱水菠菜时,将经过烫漂并冷却的菠菜沥去过多的水分,摊放在烘盘中,置于烘架上。每个烘盘的装菜量以不影响烘盘间的空气流通为宜。烘房内保持75～80℃的恒温,经3～4小时可完成干燥。在接近干燥时,将温度降低至50～60℃,使稍稍回软,以利压块包装。一般每100千克鲜菠菜可制成8千克脱水菠菜。脱水菜的含水量对贮藏效果影响很大,在不损害制品质量的条件下,含水量越低,贮藏效果越好。

包装:干燥后的菠菜,晾凉后应及时包装。包装的要求是密封、防虫、防潮。可做成小号防潮纸袋或塑料袋,按规定重量装入压块的脱水菠菜,然后用小型电动封口机封口。装箱时,先在箱内放一个大塑料袋,再装入包装好的小塑料袋,最后将大塑料袋口封严。

贮藏:贮藏场所应保持低温和干燥,贮藏温度最好为0～2℃,不要超过10℃;空气相对湿度宜在65%以下。另外,贮藏场所要遮光,以防光线造成脱水菠菜变色,香味减少。

复水:复水是把脱水菜泡在水里,经过一段时间后,使之尽可能恢复到干制以前的状态。复水的方法是:食用前把脱水菜浸泡在重量约为干菜重量14倍的冷水里,待恢复新鲜状态后,即可烹调。菠菜的复水率为1:6.5～1:7.5,即1千克的脱水菠菜,经水浸泡后,可得到6.5～7.5千克的水发菠菜。

附　录

绿色食品　甘蓝类蔬菜

NY/T746-2003

1 范围

本标准规定了绿色食品甘蓝类蔬菜的要求、试验方法、检验规则、标志、包装、运输和贮存等。

本标准适用于绿色食品甘蓝类蔬菜。

2 规范性引用文件

下列文件中的条款通过本标准的引用而成为本标准的条款。凡是注日期的引用文件,其随后所有的修改单(不包括勘误的内容)或修订版均不适用于本标准,然而,鼓励根据本标准达成协议的各方研究是否可使用这些文件的最新版本。凡是不注日期的引用文件,其最新版本适用于本标准。

GB/T5009.11　食品中总砷及无机砷的测定

GB/T5009.12　食品中铅的测定

GB/T5009.15　食品中镉的测定

GB/T5009.17　食品中总汞及有机汞的测定

GB/T5009.18　食品中氟的测定

GB/T5009.20 食品中有机磷农药残留量的测定

GB/T5009.105 黄瓜中百菌清残留量的测定

GB/T5009.110 植物性食品中氯氰菊酯、氰戊菊酯和溴氰菊酯残留量的测定

GB/T5009.126 植物性食品中三唑酮残留量的测定

GB/T5009.188 蔬菜、水果中甲基托布津、多菌灵的测定

GB/T6195 水果、蔬菜维生素 C 含量测定方法（2,6-二氯靛酚滴定法）

GB/T8855 新鲜水果和蔬菜的取样方法

GB/T15401 水果、蔬菜及其制品亚硝酸盐和硝酸盐含量的测定

NY/T391 绿色食品 产地环境技术条件

NY/T655 绿色食品 茄果类蔬菜

NY/T658 绿色食品 包装通用准则

3 术语和定义

NY/T655确立的术语和定义适用于本标准。

4 要求

4.1 环境 产地环境条件应符合 NY/T391 的要求。

4.2 感官 感官应符合表 1 的规定。

表1 绿色食品甘蓝类蔬菜感官要求

品 质	规 格	限 度
1. 同一品种或相似品种，成熟适度，紧实，色泽正，新鲜，清洁 2. 无腐烂、散花、畸形、开裂、抽薹、异味、灼伤、冷害、冻害、病虫害及机械伤	同规格的样品其整齐度应≥90%	每批样品中不符合品质要求的样品按质量计总不合格率不应超过5%

注：腐烂、异味和病虫害为主要缺陷。

4.3 营养指标　营养指标应符合表2的要求。

表2　　　　绿色食品甘蓝类蔬菜营养指标　（单位：毫克/百克）

项目	结球甘蓝	花椰菜	青花菜	芥蓝	茎蓝
维生素C	≥40	≥60	≥50	≥70	≥40

注：本标准中的指标仅作参考，不作为判定依据。

4.4 卫生指标　卫生指标应符合表3的要求。

表3　　　　绿色食品甘蓝类蔬菜卫生指标（单位：毫克/千克）

序号	项目	指标
1	砷（以As计）	≤0.2
2	汞（以Hg计）	≤0.01
3	铅（以Pb计）	≤0.1
4	镉（以Cd计）	≤0.05
5	氟（以F计）	≤0.5
6	乙酰甲胺磷	≤0.02
7	乐果	≤1
8	毒死蜱	≤0.05
9	敌敌畏	≤0.1
10	氯氰菊酯	≤0.5
11	溴氰菊酯	≤0.1
12	氰戊菊酯	≤0.02
13	三唑酮	≤0.2
14	百菌清	≤0.01
15	多菌灵	≤0.1
16	亚硝酸盐	≤2

注：其他农药参照《农药管理条例》和有关农药残留限量标准。

5 试验方法

5.1 感官要求的检测

5.1.1 按GB/T8855的规定，随机抽取结球甘蓝样品5个，或花椰菜、青花菜10个，其他甘蓝类蔬菜取2~3千克。用目测法进行品种特征、清洁、腐烂、开裂、冻害、散花、畸形、抽薹、灼伤、病虫害及机械伤害等项目的检测。病虫害症状不明显而有怀疑者,应用刀剖开检测。异味用嗅的方法检测。

5.1.2 用台秤称量每个样品的质量,按下述方法计算整齐度:样品的平均质量乘以(1%±8%)。

5.2 维生素 C 的检测　按 GB/T6195 规定执行。

5.3 卫生指标的检测

5.3.1 砷　按 GB/T5009.11 规定执行。

5.3.2 铅　按 GB/T5009.12 规定执行。

5.3.3 镉　按 GB/T5009.15 规定执行。

5.3.4 汞　按 GB/T5009.17 规定执行。

5.3.5 氟　按 GB/T5009.18 规定执行。

5.3.6 氯氰菊酯、溴氰菊酯、氰戊菊酯　按 GB/T 5009.110 规定执行。

5.3.7 乙酰甲胺磷、乐果、毒死蜱、敌敌畏　按 GB/T5009.20 规定执行。

5.3.8 百菌清　按 GB/T5009.105 规定执行。

5.3.9 三唑酮　按 GB/T5009.126 规定执行。

5.3.10 多菌灵　按 GB/T5009.188 规定执行。

5.3.11 亚硝酸盐　按 GB/T15401 规定执行。

6 检验规则

6.1 检验分类

6.1.1 型式检验　型式检验是对产品进行全面考核,即对本标准规定的全部要求进行检验。有下列情形之一者应进行型式检验：

　　a）申请绿色食品标志或进行绿色食品年度抽查检验；

　　b）国家质量监督机构或主管部门提出型式检验要求；

　　c）前后两次抽样检验结果差异较大；

　　d）生产环境发生较大变化。

　　6.1.2 交收检验　每批产品交收前，生产单位都要进行交收检验。交收检验内容包括感官、标志和包装。检验合格后并附合格证方可交收。

　　6.2 组批检验　同产地、同规格、同时采收的甘蓝类蔬菜作为一个检验批次，批发市场同产地、同规格的甘蓝类蔬菜作为一个检验批次，超市相同进货渠道的甘蓝类蔬菜作为一个检验批次。

　　6.3 抽样方法　按照 GB/T8855 中的有关规定执行。

　　报验单填写的项目应与实货相符，凡与实货单不符，品种、规格混淆不清，包装容器严重损坏者，应由交货单位重新整理后再行抽样。

　　6.4 包装检验　按第 8 章的规定进行。

　　6.5 判定规则

　　6.5.1 每批受检样品抽样检验时，对不符合感官要求的样品做各项记录。如果一个样品同时出现多种缺陷，选择一种主要的缺陷，按一个残次品计算。不合格品的百分率按式（1）计算，计算结果精确到小数点后一位。

$$X = m_1 / m_2 \quad \cdots\cdots\cdots\cdots\cdots \quad (1)$$

　　式中：X 为单项不合格百分率（%）；m_1 为单项不合格品的质量（克）；m_2 为检验批次样本的总质量（克）。

各单项不合格百分率之和即为总不合格百分率。

6.5.2 限度范围：每批受检样品，不合格率按其所检单位（如每箱、每袋）的平均值计算，其值不应超过所规定限度。

如同一批次某件样品不合格百分率超过规定的限度时，为避免不合格率变异幅度太大，规定如下：规定限度总计不超过5%者，则任一件包装不合格百分率的上限不应超过8%。

6.5.3 卫生指标有一项不合格，该批次产品为不合格。

6.5.4 复验：该批次样本标志、包装、净含量不合格者，允许生产单位进行整改后申请复验一次。感官和卫生指标检测不合格不进行复验。

7 标志

7.1 包装上应明确标明绿色食品标志。

7.2 每一包装上应标明产品名称、产品的标准编号、商标、生产单位（或企业）名称、详细地址、产地、规格、净含量和包装日期等，标志上的字迹应清晰、完整、准确。

8 包装、运输和贮存

8.1 包装

8.1.1 用于产品包装的容器如塑料箱、纸箱等应按产品的大小规格设计，同一规格应大小一致，整洁、干燥、牢固、透气、无污染、无异味，内壁无尖突物，无虫蛀、腐烂、霉变等，纸箱无受潮、离层现象。包装应符合NY/T658的要求。

8.1.2 按产品的品种、规格分别包装，同一件包装内的产品应摆放整齐紧密。

8.1.3 每批产品所用的包装、单位质量应一致。

8.1.4 逐件称量抽取的样品。每件的净含量应不低于包装外标志的净含量。根据检测的结果，检查与包装外所示的规格是否一致。

8.2 运输　运输前应进行预冷。运输过程中注意防冻、防雨淋、防晒、通风散热。

8.3 贮存

8.3.1 贮存时应按品种、规格分别贮存。

8.3.2 贮存的适宜温度为：结球甘蓝 -0.6~1℃，花椰菜0~3℃，青花菜0℃左右，芥蓝和苤蓝2~3℃。贮存的适宜相对湿度：结球甘蓝和苤蓝90%左右，青花菜和芥蓝95%左右，花椰菜90%~95%。

8.3.3 库内码堆应保证气流均匀流通。

图书在版编目（CIP）数据

青花菜菠菜绿色高效生产关键技术 / 焦自高，王崇启，董玉梅编著. —济南：山东科学技术出版社，2015
（绿色蔬菜高效生产关键技术丛书）
ISBN 978-7-5331-7757-7

Ⅰ．①青… Ⅱ．①焦… ②王… ③董… Ⅲ．①青花菜—蔬菜园艺—无污染技术②菠菜—蔬菜园艺—无污染技术 Ⅳ．①S635.9②S636.1

中国版本图书馆 CIP 数据核字（2015）第 083586 号

绿色蔬菜高效生产关键技术丛书
青花菜菠菜绿色高效生产关键技术

焦自高　王崇启　董玉梅　编著

主管单位：山东出版传媒股份有限公司
出 版 者：山东科学技术出版社
　　　　　地址：济南市玉函路 16 号
　　　　　邮编：250002　电话：（0531）82098088
　　　　　网址：www.1kj.com.cn
　　　　　电子邮件：sdkj@sdpress.com.cn
发 行 者：山东科学技术出版社
　　　　　地址：济南市玉函路 16 号
　　　　　邮编：250002　电话：（0531）82098071
印 刷 者：山东人民印刷厂
　　　　　地址：莱芜市赢牟西大街 28 号
　　　　　邮编：271100　电话：（0634）6276022

开本：850 mm×1168 mm　1/32
印张：5.75
版次：2015 年 6 月第 1 版　2015 年 6 月第 1 次印刷

ISBN　978-7-5331-7757-7
定价：16.00 元